香りブームに異議あり

ケイト・グレンヴィル 著
鶴田 由紀 訳

緑風出版

The Case against Fragrance
by Kate Grenville

Japanese translation rights arranged with
The Text Publishing Company Pty Ltd., Melbourne
through Tuttle-Mori Agency, Inc.,Tokyo

いまは専門分化の時代だ。みんな自分の狭い専門の枠ばかりに首をつっこんで、全体がどうなるのか気がつかない。いやわざと考えようとしない人もいる。またいまは工業の時代だ。とにかく金をもうけることが、神聖な不文律になっているのだ。……いまのままでいいのか、このまま先へ進んでいっていいのか。だが、正確な判断を下すには、事実を十分知らなければならない。ジャン・ロスタン[訳注1]は言う――《負担は耐えねばならぬとすれば、私たちには知る権利がある》。

レイチェル・カーソン『沈黙の春――生と死の妙薬』青樹簗一訳　新潮文庫　一九七四年[訳注2]

訳注

訳注1　二〇世紀のフランスの生物学者。

訳注2　Rachel Carson, *Silent Spring*, Houghton Mifflin, 1962. 一九六四年に日本語版の単行本が出版された際のタイトルは『生と死の妙薬――自然均衡の破壊者《科学薬品》』。

目　次

香りブームに異議あり

THE CASE AGAINST FRAGRANCE

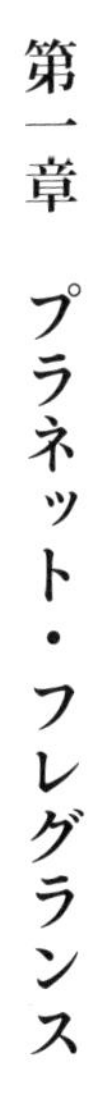

第一章　プラネット・フレグランス

Planet Fragrance

私が子どもの頃、母はドレッサーの上に高価な香水の小びんを置いていて、特別なときにだけ耳のうしろにほんの少しつけていました。私はアルページュ[訳注1]の香りを嗅ぐと、いつも嬉しくてわくわくしたものです。――髪をセットし、一番上等なドレスを着て、真珠のアクセサリーをつけた母は、父と連れ立って夜のデートへと出かけて行くのです。

その後、私もそういう特別な時間を持てるほどに成長し、やっぱりお気に入りの香水がありました。香水のびんは形が官能的で、大好きでした。名前を聞いてもラベルを見ても、香水で思い浮ぶのは魅惑的なことばかりです。そして、香水をつければ必ず素敵になれる。そこが魅力でした。優雅な私、美しい私、上品な私、そして――もちろん――強く求められる私。私は芳香を身にまとってデートにでかけ、ゴージャスでセクシーな気分に酔いしれました（相手の男の子たちもやっぱり、オールド・スパイス[訳注2]の香りに包まれていました。その香りを嗅ぐと今でも、テカテカの後部座席を思い出してしまいます）。男の子たちは、私の香水についてどうこう言ったりはしません。でもある日、知的でかっこ良いなぁと日頃から憧れていた女の子が、私に向かってこう叫んだのです。「あら、この香り、ホワイト・リネン[訳注3]ね！」羨望に満ちた調子で褒められたので、私はすっかり良い気分になりました。

ところがある日、そんな風に芳香に包まれて家を出た私に、思わぬ出来事が降りかかりました。ゴージャスでセクシーな気分になって三〇分ばかりたった頃、頭が痛くなり始めたのです。目は乾燥して痛み、鼻も詰まってきました。私は、ただただ家に帰りたくなりました。慣れてもいないゴージャスでセクシーな気分になりすぎたのかしら？　デート恐怖症にでもなったとか？　そのときはどう考えても、原因は自分にあるとしか思えませんでした。

思い返せば、こんなことがあったから小説家の道を選んだのかもしれません。「彼はこう言った」じゃなくて、もっと気の利いた言い方はないかしら、なんて一人で机に向かって考えているときに、エレガントな香りに包まれている必要はないんですもの。

やがて、香水のびんの置き場所はタンスの上から下着専用ひきだしへと格下げになりました。意識して決意したわけでも、真剣に考えた末というわけでもないのですが、何となく、三〇歳代で子どもを持ってから、香水は使わなくなりました。

さてそれからのち、ヨーロッパ帰りの友人が、きれいな小びんに入った香水を私にくれたときのことです。「これ、あなたに似あうと思ったのよ」と彼女は言いました。「きっと気に入るわよ」。それが私に似あうかどうかわかりませんでしたが、そんなことより、それをつけた途端、また頭痛が始まったのです。あまりにも突然で、予想外の事態でした。そこで私は、実験を試みました。そして、前回の頭痛から幾星霜(いくせいそう)、遂にあるパターンを発見したのです。香水を使うと頭痛が起こる、使わなければ起こらない、というパターンです。

謎が解けて、良かった。私が苦手なのは、デートではなく、香水だったのね。それならたいした問題じゃないわ。肌にウールが直接あたるのが耐えられない人だっているし、牡蠣(かき)が苦手な人だっているもの。私は香水がダメな人だったというわけね。

せっかく素敵な私になれるのに、きれいな香水の小びんを捨てるのはもったいないような気もしましたが、目の前から消えてしまえば、あとは香水のことなんてきれいさっぱり忘れてしまいました。

ところがそれからしばらくして、今度は別の匂いも苦手になったのです。化粧品やシャンプー、洗剤などの、毒々しい匂いです。中年になる頃には、「無香料」や「合成香料無添加」とうたった製品をつとめて使うようになっていました。私は、本物のお花の香りなら大丈夫だし、少量のエッセンシャル・オイル[訳注4]も平気でした。どうも苦手なのは、それ以外の匂いのようです。呼び方はフレグランスでも芳香でも香料でもどうでも良いのですが、とにかくフランス語の名前を冠して小びんに入った高級品から、香りのついたシャンプー・石けんまで、できる限り避けるようになっていました。

そして五〇歳代、感染症にかかって、快復に長い時間を要したことがありました。その後、自分がそれまでにも増して匂いに敏感になったことに気づいたのです。自分が使っているものの匂いだけではありません。――よそ様が使っているものの匂いにも敏感になってしまったのです。それでもしばらくの間は、認めたくないある事実に、ずっと気づかないフリをしていました。それは、閉じた空間で他の人たちと一緒にいると、ほぼ間違いなく頭痛が起きる、という事実でした。

さてある夜、私はオペラを観に行きました。オペラなんて、そうしょっちゅう行きませんよ。でもこの日は特別で、友人たちと夜のオペラ鑑賞をしたのです。とびきりの夜になるはずでした。テディ・タフ・ローズ[訳注5]演じるドン・ジョヴァンニ[訳注6]です。優秀な楽団、華麗な音楽、素晴らしいストーリー。その上、オペラの中盤になると、テディは何だかんだと理由をつけて、必ずシャツを脱いじゃうんですから。

第一幕は申し分ありませんでした。休憩時間になって、観客はみんなシャンペンを飲みにロビーへと出ていきましたが、私は友人たちと一緒に席についていました。やがて観客が席に戻り、第二幕を始めるために場内が暗くなりました。すると、ものの数分で猛烈な頭痛が襲ってきたのです。まるで目玉が異様に膨張して、まわりの骨を圧迫しているようです。脳内で起こった大事件のせいで、何も考えられなくなりました。もう音楽どころではありません。たとえテディが素っ裸になったって、知ったこっちゃない、という感じでした。

一体、何が起こったというのでしょう。私のうしろの席の人が、香水の匂いが薄くなったので休憩時間にシュッとスプレーしてきたのです。その強烈な匂いが、私たちの方にドカンと襲いかかってきたのです。オペラの後半ずっと、目は痛み、頭痛で頭がボーっとしていました。頭の中には怪しい霧が立ち込め、何もかもが遠くの方で起こっているみたいで、もう何が何だかわかりませんでした。私はひたすら、早く家に帰って、横になりたいと願っていました。

そのオペラの夜を境に、問題から目をそらすのはやめにしました。自分の人生で何かが変わってしまったと、潔く認めるしかありませんでした。

私のかかりつけの女医さんは、私の頭痛がたいしたものではないと言いました。彼女にとって、香水などのフレグランス製品[訳注7]で頭痛が起こるのは、特にびっくりすることではなかったようです。彼女は、その症状を過敏症（sensitivity）と診断しました。アレルギーではなく、過敏症。たとえば、ペンキ塗りたての閉めきった部屋で起こるような。

念のためにと、神経内科に回されました。神経内科で私の担当になったのは、患者の気持ちになんておよそ配慮のなさそうな、ぶっきらぼうな男性医師だったので、この人に頭痛と香水が関係あるかなんて尋ねたら、きっと鼻であしらわれるだろうと思いました。でも彼は、ああもちろんです、香水はきわめて頭痛を引き起こしやすいものですよ、と言ったのです。――いくつもの香水やオーデコロンのブランド名をよどみなく次々と挙げて、こういったものはこれまでの経験から、頭痛を引き起こすものの中でも最悪の部類ですと彼は言いました。でもフレグランス過敏症を検査する方法は特になく、フレグランス製品を避ける以外に治療法はない、とも言いました。

こんなことが自分に起こるまで、フレグランス製品で具合が悪くなる人の話なんて聞いたこともありませんでした。それまで私は、香水、オーデコロン、パーソナルケア製品[訳注8]や洗剤のフレグランス成分は、あでやかなフランス人がお花のエッセンスをうまいこと調合したものなんだろう、くらいにしか思っていませんでした。そしてそのときは、フレグランス製品を避けて陽気にすごしていれば、過敏症なんて感染症みたいに、いつの間にか治ってしまうだろうと高をくくっていました。

私は自分のホームページに軽い気持ちで「フレグランス製品を自粛して下さって、ありがとう」という短いエッセイを書きました。香水の猛襲で頭痛になるのを避けるために、多少の技も身につけました。たとえばカフェでは外の席に座ったり、あいさつ代わりのキスをしようとする女性をサッとかわし、「あら、風邪でもひいてらっしゃるの?」と聞かれれば、うなずいたり。友だちと会うときには、香水をつけて来ないでと頼みました。友だちですからイヤとは言いませんし、たいていは約束を覚えていて、ちゃんと香水をつけずに来てくれます。

さて二〇一五年初頭、私は母のことを書いた本を出版し、販促ツアーに出かけることになりました。オーストラリアのすべての州を、何カ月もかけて断続的に旅するのです。ほぼ毎回、出版社の広報マネージャー、ジェーンが同行しました。

空港に向かうタクシーに乗り込んだ瞬間、これは大変なことになったと気がつきました。フレグランス・ディフューザー——液体香料の入った小さなガラス容器——が、車の送風口に差し込まれていたのです。三〇秒もすると、例の頭痛が襲ってきました。空港は香水売場だらけでした。飛行機でとなりに座った女性は、ムスク[訳注9]のような強い匂いを発散させています。飛行機を降りてタクシーに乗ると、またもやディフューザーがついていました。

出版社のスタッフは、私のために素敵なデザイナーズホテル[訳注10]を予約しておいてくれたのですが、エントランスの重いドアを開け、しゃれたロビーを通りぬけて、にこやかなフロントの係員へとたどり着いた途端、私はがっくりと肩を落としました。あかぬけた調度品、控えめな音楽、上品なスタッフで構成された空間の至る所で、アロマキャンドルが強烈なフローラルの香りを放っていたのです。エレベーター内にはパチュリ[訳注11]の香りが充満していたし、客室に続く廊下にはリード・ディフューザー[訳注12]が置いてあって、そこからムスクのような匂いが湧き出ていました。ようやく自分の部屋にたどり着くと、ドアを閉め、ホッとして深呼吸をしました。いや、待てよ、まだ何か匂うぞ。ホテルはエアコンが効いていました。部屋数が少ないために、エアコンが全館に同じ香りを循環させていたのです。窓の方に行ってみましたが、あいにく窓は開きませんでした。

　その夜は、まったくもって悲惨の一言でした。翌朝、恥ずかしかったけど勇気を出して、この大問題をジェーンに打ち明けました。有能な広報担当者は、この世にも奇妙な要求に卒なく対処してくれました。さすがはプロフェッショナルです。彼女はさっそく電話を取り、少々グレードは下でも匂いの控えめなホテルを見つけてくれました。

　その後の販促ツアーは、脳内に立ち込める霧と頭痛との戦いでした。手を変え品を変え襲ってくるフレグランス製品を避けるのが、これほど難しいとは思ってもいませんでした。でも避けるためのコツもわかってきました。匂いの充満したホテルのロビーは、スカーフで鼻を覆って全力で駆け抜けます。タクシーでは後部座席に座り、運転手さんにフレグランス・ディフューザーを取り外してくださいとお願いします。車の窓を開け放って、外気を吸うために犬みたいに顔を出します。目的地に着く頃には、風に吹きさらされて髪はめちゃくちゃです。うっかり香水まみれの人のハグや握手をかわしそこなったときのために、無香料の石けんをハンドバッグに忍ばせます。そしてイベントのあとは、できるだけ素早く退散して、ホテルの部屋で香水の匂いの染みついた服を脱ぎ、シャワーへと向かいます。

ジェーンは終始、良き理解者でした。おかげで私はイベントを無事に乗り切り、ノイローゼにもならずにすみました。私の代わりに、タクシーの運転手さんにフレグランス・ディフューザーをダッシュボードの物入れにしまってほしいと頼んでくれることもありました。私を外に待たせて先にホテルに入り、代わりにチェックインの手続きをしてくれたので、私の方は芳香漂うロビーをダッシュで通りすぎることができました。サイン会の行列の中でもひときわ香水の強烈な女性たちを私から遠ざけ、携帯で私と写真を撮ろうとする人には、あまり近づきすぎないように注意してくれました。

本の販促には、読者の皆さんと直接お会いするのが一番です。今回のツアーでは、読者の方——ほとんどが女性——のお一人お一人が、それは温かく迎えてくださいました。皆さん、私の書いた私の母の物語をとても喜んで下さったようです。どの方もみんな、それぞれがお出かけ前に選んだ香水で私が頭痛を起こすなんて、夢にも思っていらっしゃらないでしょう。この難問に答えが見いだせるとは、とても思えませんでした。皆さんにとって、さまざまなフレグランス製品は、ごく普通の生活の一部となっています。至極当然のことです。問題はこちらにあるのです。私は穴があったら入りたい、と情けない気分になり、独りぼっちになったような気がしました。

ツアーの最後に滞在したのは、ローンセストン[訳注13]のホテルでした。ありがたいことに、客室には芳香が漂っていないし、窓も開けられました。ところが廊下に強い匂いが立ち込めていて、ドアのスキ間からその匂いが室内にも侵入していました。

私はスーツケースから着替えなどを出さずに、ホテルの外の通りに取って返すと、新聞販売店[訳注14]を探してガムテープを一つ買いました。その夜、本の販促イベントをすべて終え、ジェーンにおやすみを言ってから、ドアのスキ間をぐるりとガムテープで目張りしました。シャワーを浴びて髪にこびりついた移り香を洗い流し、香水の染みついた服をバスルームに吊るしてドアをぴったりと閉めました。そうしてベッドに入り、さながらエジプトのファラオのごとく封印された私は、頭痛が徐々に収まっていくのを感じていました。

私は目張りの手際の良さを我ながらみごとと思い、これからは旅行のたびにガムテープを持ち歩かなくちゃ、と心に決めつつも、こんなことは絶対にジェーンに話せないな、とも思いました。なんだか人の道におけるちょっとした一線を越えてしまったようで、うしろめたい気がしました。アポロの月面着陸がCIAのでっち上げだの、政府が水道水にプロザック[訳注15]を混入させただのと考える人たちの仲間に入ってしまったのかも、と思えてきました。私以外の人は、フレグランス製品を生活の一部としてあたりまえに使っているのだもの。間違ってもホテルのドアをガムテープで目張りするようなマネは、絶対にしないわ。

私はガバッと巨大なベッドから起き上がり、ノートパソコンを開きました。試しに「フレグランス　頭痛」で検索してみてください。とんでもない数の人がさまざまな声をあげていることがわかりますから。その中から私は、クレア・ペインという科学ライターの手になる詳細な調査報道を発見しました。ABC[訳注16]のホームページに、その記事は載っていました。タイトルは「あなたが愛するその香りを、他の誰かが忌み嫌うとき」。記事自体も素晴らしい内容でしたが、私がもっと衝撃を受けたのは、記事の下に延々と掲載されている記事へのコメントでした。例えばこんな感じです。「香料の匂いがすると、私は病気を理由に早退する」。「強い香水の匂いがすると、数分で副鼻腔炎による頭痛になる」。「匂いでどれほど具合が悪くなるかを、誰も理解してくれない」。「匂いのせいで、ひどい偏頭痛に襲われる――制汗スプレー……は特にひどい」。「香水の匂いを嗅いだだけで、死ぬほどの頭痛になる」[原注1]。

私は窓の外の自動車販売店を呆然と眺めていました。大変な驚きでした。そして同時にホッとしました。私は頭がおかしいのかもしれないけど、独りぼっちではなかったんだわ。

その夜、香水に関するある論文を引用している文章を見つけたので、その原典を探しました。見つけてみれば本格的な科学論文でした。査読[訳注17]のある学術雑誌『フレイバー・アンド・フレグランス・ジャーナル（*Flavour and Fragrance Journal*）』で二〇〇二年に発表されています。要旨を読んだだけで、驚いてしまいました。意味を正確にとらえるために、何度か読み返す必要がありました。簡単にすると、だいたいこんな感じです。

> 広く利用され、多くの人が暴露[訳注18]している……にもかかわらず、フレグランス製品に使用されている成分に関して入手できる情報はほとんどない。フレグランス成分の配合は企業秘密と考えられている。……フレグランス製品は、ぜんそく、アレルギー、偏頭痛といった健康被害のトリガー（引き金）と言われることが多くなっている。さらに、フレグランス成分の中には、脂肪細胞に蓄積されるものがあることがわかっており、母乳から検出されている。その他、内分泌攪乱物質[訳注19]の疑いがある成分もある。全身作用についての評価がほとんど行なわれていないために、そうしたことがどんな問題を引き起こすかについて完全にはわかっていない。……フレグランス成分に対する政府の規制はほとんどない。その代わりにフレグランス製品産業が、自主規制のシステムを持っている。しかし、さまざまな懸念が示される中で、現在のシステムはその多くに対応できていない。[原注2]

私はどうして香水で頭痛を起こすの？　こんな素朴な疑問を抱いただけだったのに、その答えを探そうと、何の気なしに開けた扉の向こうには、暗く危険な景色が広がっていました。

今、フレグランス製品は、そこいらじゅうで匂っています。避けようとよほどがんばっている人以外は、無限に続く匂いの霧の中に暮らしているのです。典型的な女性の、ある朝の行動を追いかけてみましょう。朝、目覚めたときには、すでに香りつき洗剤で洗ったシーツやパジャマと共に、八時間をすごしています。それから彼女はトイレに入り、トイレ用洗剤の香料漂う中、用を足します。トイレットペーパーは、たぶん、お花の香りでしょう。トイレには、芳香剤が置いてあるかもしれません。トイレから出て、香りつきの石けんで手を洗います。そしてシャワーを浴びるときに使うボディソープ、シャンプー、コンディショナーにも香りがついています。洗剤の香りを放つタオルで体を拭いて、香りのついた制汗剤やモイスチャー[訳注20]を体に塗りつけます。さて服を着ましょう——どれも同じ洗剤の香りです。髪を整えるのに、香りつきヘアケア製品やスプレーを使います。化粧品用ポーチに入っているもの——ファンデーション、パウダー、頬紅、口紅——で、さらに香りの上乗せです。化粧品の空き箱をポイと捨てたゴミ箱の内側には、レモンの香りのポリ袋。さあ仕上げに、お気に入りの香水をシュッとひと吹きしましょうか。

彼女はまだ、朝食も食べていません。それなのに、もう一五種類ほどの製品のフレグランス成分に暴露したことになります（シリアルを食べた器を香りつき洗剤で洗えば、一六種類になります）。

さて、彼女は外へと出かけて行きます。彼女はどこかのオフィスで働いているとしましょう。通勤のバスの中では、乗客それぞれが使っている香水、オーデコロン、制汗剤、洗剤の匂いを吸い込みます。職場ではさらに、他の人のフレグランス製品からの匂い、受動喫煙ならぬ受動フレグランスを一日中吸い込むわけです。職場の空気そのものが、リード・ディフューザーや壁掛けタイプの芳香剤で匂いづけされているかもしれません。昼休みに買い物に出かければ、別の香りを吸い込むでしょう。他のお客さんたちからの受動フレグランス、そして近頃はやりのルーム・フレグランス。[訳注21]雑貨屋さんやギフトショップや花屋さんでは、アロマキャンドルや石けんの香り。スーパーマーケットに行けば、洗剤売場の通路で香料の襲撃にあうでしょう。タクシーに乗れば、たぶん何かの香りのフレグランス・ディフューザーが取りつけられています。仕事を終えて家に帰っても、そうした匂いを嗅ぎ続けることになるでしょう。髪や皮膚や服には、今日一日の受動フレグランスの移り香がついているからです。

私たちは毎日の生活の中で、合成香料の匂いを四六時中吸い込んでいます。フレグランス製品はあまりにも普及しすぎました。私が本の販促ツアーで痛感したように、フレグランス製品を避けようと思うなら――控えめな表現をするなら――変な人にならざるを得ないのです。ようこそプラネット・フレグランスへ。

それなのに、私たちはフレグランス製品について、ほんの初歩的なことも知りません。私自身、こんなに基本的な疑問を持つのは、はじめてでした。フレグランス製品には、何が入っているの？　誰が成分をテストしているの？　一日中嗅ぎ続けたり、肌につけていても、問題が起こる恐れはないの？

私は、そうした疑問に少しでも答えてくれるような本を探してみようと思いました。一冊くらいはあるだろうと思ったのです。ところが、――経線のことを書いた本とか鱈（たら）のことを書いた本とか、鉛筆に関する本まであるのに――驚いたことに、私の疑問に答えてくれるような、簡単に手に入ってわかりやすい本は一冊もなかったのです。香水大好きな人が書いた本と、香水大っ嫌いな人が書いた本は、何冊かありました。どちら側の人たちも、私を仲間に引き入れたいようです。でも私がほしいと思うような本は、見つけられませんでした。ズバリ的を射て参考になる情報、――フレグランスについてわかっていることを集めた、一般向けの本。やがて私は、そんな本が読みたいなら、自分で書けば良いんじゃないかと思い始めたのです。

世の中には、フレグランスに関する怪しげな情報があふれています。どういった問題でも、そうですけどね。そこで私は、信頼できる情報源だけに頼ろうと決めました。解説や要約でなく、できる限り一次文献にあたるように努めました。学術雑誌に発表された本物の論文ということです。探してみると、フレグランスに関する質の良い科学的な情報――適正にデザインされ、査読を受けた、客観的な研究論文――は、ぜんぜん足りなくなんかないことがわかりました。ただそれらはみんな専門家向けに発表されたもので、一般人の目には触れないところにあります。科学について造詣(ぞうけい)が深いフリをするつもりはありません。私は科学的な論文を読むにあたって、アドバイザーを探しました。そしてそのアドバイザーの下、素人でも興味を持って取り組めば、科学者の皆さんが発見したことの基本的な意味をおおよそ理解することは可能だとわかったのです。

一番便利だったのは、レビュー論文でした。――一つのテーマについて発表された研究論文をすべて紹介し、厳しい評価を加え、学会におけるそのテーマの現在の状況を概説してくれているものです。私が活用したレビュー論文は、公衆衛生の改善のためにアメリカ政府やEUなどが資金を出したものでした。どれもみんな政府や企業から独立した科学者パネルによって、日用品に使われるフレグランス成分を徹底的かつ客観的に評価しています。アメリカ食品医薬品局のホームページやEUの科学委員会の報告書、フレグランス業界がホームページ（ifraorg.org）に掲載している内容なども参考にしました。

私の個人的な調査は、いつしか発表を目的とするものに変わり、はっきりさせるべきことがいくつか出てきました。一つは言葉の問題です。「フレグランス」という言葉はどういう意味で使われるか？「フレグランス」、「芳香」、「香り」という言葉は、母の持っていた小びんの中身を表わすこともできるし、バラの香りを嗅いだ場合にも使います。森林の香りやレモンの香りのトイレ用洗剤の香料のことも表わせます。三つの言葉は互いに言い換えが可能です。そのため、レモンの香りとレモン香料入り洗剤の匂いとはまったく別物なのに、その区別はあいまいです。本物のレモンの匂い、または本物のレモンから抽出したエッセンシャル・オイルを嗅いでいる場合以外は、研究所で開発され、工場で作られた何かを嗅いでいるにすぎないのに。

この本では、その「何か」が何なのかをはっきりさせようと思います。

私は小説家です。科学ライターではありません。調べようと思い立ったのは、自らのプロ意識に背中を押されたわけではなく、ただの頭痛がきっかけでした。でもこの調査でわかったことは、頭痛持ちの小説家以外のたくさんの人たちにも大いに関係があります。フレグランスの魅惑的な表の顔の裏側には、誰も知らない——意図的に隠された——現実があります。それを多くの皆さんと、分かちあえればと思っています。

フレグランスには大勢の味方がいます。それでお金儲けをする人たちや、その香りを愛する人たちは、日々、フレグランスのことを褒め称えています。

一方、フレグランスにはあまり知られていないダークな面——私たちの健康に関わる——があります。この本を読んでくださった方に、こうしなさいとか、ああしなさいと言うつもりはありません。ただ、フレグランスについてわかっている情報を皆さんに提供して、良い面と悪い面とを両方明らかにしたいのです。情報さえ手に入れば、あとは読者の皆さんがご自身で判断すれば良いことです。フレグランス製品を使うというのも一つの選択でしょう。皆さんがその選択をされる上で、この本の情報がお役に立つことを願っています。

訳注

訳注1　フランスの高級ファッションブランド、ランバンの香水。

訳注2　アメリカの男性化粧品メーカー。ここでは同社の整髪料を指していると思われる。
訳注3　アメリカの化粧品メーカー、エスティ・ローダーの香水。
訳注4　精油。動植物の香り成分を抽出したもの。
訳注5　ニュージーランドのバリトン歌手。
訳注6　W・A・モーツァルト作曲のオペラ作品。主人公の名前がタイトルになっている。
訳注7　本訳書では、香水・化粧品・洗剤・シャンプー・制汗剤・芳香剤など、合成香料を含む食品以外の製品を「フレグランス製品」、その匂い成分を「フレグランス成分」と総称する。一般に、食品に含まれる合成香料はフレーバー（flavor または flavour）と呼ばれ、フレグランス（fragrance）とは区別されている。
訳注8　身体の洗浄や身だしなみに使う製品一般。シャンプー、コンディショナー、整髪料、制汗剤など。
訳注9　ジャコウ。オスのジャコウ鹿の分泌物からとれる香料。
訳注10　建築や調度品のデザインが優れているホテル。
訳注11　シソ科のハーブ。
訳注12　香料を入れた容器にアシなどでできたスティックを数本さし、芳香を拡散させるための置物。
訳注13　オーストラリア、タスマニア州の都市。
訳注14　オーストラリアなどの新聞販売店は、雑貨や文房具なども扱っている。
訳注15　抗うつ剤。
訳注16　オーストラリアのテレビ局。
訳注17　学術論文に対して掲載雑誌が審査すること。
訳注18　有害物質などにさらされること。
訳注19　生物の体内でホルモン作用を起こしたりホルモン作用を阻害する化学物質。第十章、第十一章で詳述される。
訳注20　皮膚の乾燥を防ぐための製品（moisturizer）。クリーム、乳液、ローションなどがある。
訳注21　店舗やホテルなどで室内に芳香を漂わせるサービス。

第二章　被害者はどれくらい？

How many of us are out there?

二〇〇八年、デトロイト市都市計画課主任スーザン・マクブライドは、日常生活に支障をきたしていました。市役所の間仕切りのないオフィスで仕事をしていた彼女は、毎日、職場に到着して数分もすると咳こみ、喉がゼーゼーと鳴り、息切れしていました。病院で診察を受けた結果、フレグランス成分のせいで症状が出ていることがわかりました。

この問題について、スーザンは職場の同僚たちに相談しました。同僚の中には、強い香水を好んで使っている人が何人かいたのです。机の上にフレグランス・ディフューザーを置いている人や芳香剤を使っている人もいます。そういったものの匂いで呼吸が苦しくなると説明し、フレグランス・ディフューザーを家に持ち帰ってほしい、香水をつけるのは仕事が終わってからにしてほしい、とお願いしました。

同僚たちは、自分が素敵な香りと思っているもので具合が悪くなる人がいるなんて、信じてくれませんでした。スーザンは些細なことで大騒ぎをしているに決まってる、と思われました。最終的に、フレグランス・ディフューザーと芳香剤と小さなポプリ壺[訳注1]は家に持ち帰ってもらえましたが、大好きな香水はやめてもらえませんでした。

スーザン・マクブライドは、「ロー・セント」ポリシー[訳注2]を採用しているオフィスが存在することを知っていました。彼女のオフィスでも同じような方針をとってもらえないものかと上司に持ちかけました。完全にフレグランス・フリー[訳注3]である必要はなかったのです。——ロー・セントで十分、問題は解決できたのです。でも彼女の上司はその要望を聞き入れてくれず、職員に香水を禁止するのは憲法違反にあたると言ったのです。

ある日の仕事中、スーザンは症状が悪化し、倒れてしまいました。病院に搬送されて快復しましたが、もう芳香まみれの職場に戻ることはできないと思いました。かといって、退職したくもありません。彼女はその仕事をとても気に入っていたし、生活費も必要でした。そこで障害者問題を得意とするベテラン弁護士を雇い、デトロイト市を訴えました。

障害を持つアメリカ人法（Americans with Disabilities Act）は、障害を「主要な生活活動（major life activity）」を妨げるものと定義しています。障害を理由に誰かを差別することは違法であり、雇用者は労働者の障害に、できる限り配慮する義務があります。裁判所はスーザン・マクブライドのフレグランス過敏症が障害であると認めました。他の人が使うフレグランス製品に対するスーザンの反応が「呼吸という主要な生活活動を妨げた」と裁判官は言いました。裁判所は雇用者であるデトロイト市がスーザンの障害に配慮すべきだったとして、一〇万USドルの損害賠償を支払うよう市に命じました。[原注1]

スーザン・マクブライドのケースは、劇的な前例となりました。北米のすべての雇用者は大慌てで、何十万ドルもの損害賠償請求という憂き目にあわないように対策を講じたのです。アメリカやカナダの多くのオフィス――政府官庁、民間企業、病院、学校、大学など――は今、「ロー・セント」ポリシーや「フレグランス・フリー」ポリシーを採用しています。

オーストラリアでも似たような裁判がありました。二〇一四年、ある公務員が保健福祉省で働いていました。名前は仮に、ジェーン・スミスとしましょう。ジェーンはスーザン・マクブライドと同じように、職場の同僚たちのつけている香水で具合が悪くなりました。吐き気とめまいを感じ、やがて頭痛にもなって、呼吸まで苦しくなってきました。

同僚の中には、理解を示して香水やオーデコロンを控えめにしてくれた人たちもいました。でも、ただの気のせいじゃないのかと言う人たちもいました。香水なんかで具合悪くなるわけないじゃない、と彼女を厄介者扱いしたのです。そして上司は彼女に向かって、他人に香水をつけるなと要求するのは差別につながると言いました。

ジェーンは症状に苦しみ続け、ある日スーザン・マクブライドと同じように仕事中に気を失って、病院に搬送されました。当然、職場に戻ることはできません。健康上の理由で、退職することになりました。でもスーザン・マクブライドと同じように、ジェーンも退職を望んではいませんでした。そこで、彼女の職場が契約している保険会社に対し、仕事中に負った永久的損害（permanent impairment）に対する退職給付金と精神的苦痛に対する慰謝料を求め、行政控訴裁判所に訴えました。

審問の場に、彼女の症状がフレグランス製品によって引き起こされたことを証明する五人の医師の診断書（そのうち一人は免疫学の教授）が提出されました。ところが、その診断書の内容については何も審議されませんでした。審議の対象となったのは、「損害」の定義でした。オーストラリアの制度では、損害が被害を受けた人の全体の少なくとも一〇パーセントに影響を及ぼす場合でなければ、退職給付金が支払われないことになっています。雇用者側の弁護団は、フレグランス製品に暴露したときだけ症状が出るのだから、それは一〇パーセント以下であると主張したのです。

もしもジェーン・スミス側にやり手弁護士がついていれば、こんな主張にも効果的な反撃ができたかもしれません。行政控訴裁判所で損害について算術的な言い争いをするのではなく、差別を禁止する法律にもとづいて民事裁判に持ち込むことだってできたでしょう。そうすれば、違う結果が出ていた可能性は十分にあります。でもスミス側に弁護士を雇う余裕はありませんでした。裁判所は、「（原告の被った）全人的損害は法律の定める最低レベルの一〇パーセントに満たない」と判断しました。ジェーンは敗訴し、補償を受けることはできませんでした。[原注2]

オーストラリアでは、似たような訴えで敗訴しなかったケースもわずかながらあります。まず一つめは、ジェーンと同じ公務員が、他の人の香水が原因で研修に参加できなかったという訴えを起こしたケースです。彼女は勝訴し、数千ドルの賠償金を受け取りました。原注3 フレグランス製品が原因で買い物ができないなど、特定の場所に出入りできないために起こった裁判もいくつかあって、それらは和解に持ち込まれました。でもオーストラリアでは、アメリカのスーザン・マクブライドのケースのように、職場の多くがフレグランス・フリーになるほど莫大な損害賠償金が支払われることはありませんでした。

さてこうした裁判は、普段、気にもされていなかった事実を多くの人の目の前に突きつけることになります。フレグランス製品が原因で重大な健康被害を受ける人がいる、という事実です。仕事や勉強、果てはバスに乗るような簡単なことまで、誰かの香水で妨げられてしまう。こういう風に具合が悪くなる人たちは、不運な少数派にすぎないのでしょうか？　この問題が知れわたれば、もっと多くの被害者の声が聞かれるようになるのでは？

これからお話することで、スーザン・マクブライドやジェーン・スミスが、氷山の一角だとわかって頂けるでしょう。フレグランス製品の健康被害――頭痛、呼吸困難、湿疹――は多くの人に起こっているのです。だから研究者たちは、どれほどの人数か割り出そうとしています。そしてその数は、驚くべきものでした。

何が頭痛を引き起こすのか、頭痛を予防するにはどうすれば良いのか。それがはっきりとわかっていないために、専門の医師たちは頭痛の分類に膨大なエネルギーを注いでいます。たとえば頭痛には、偏頭痛、緊張性頭痛、群発性頭痛という種類があります。穿刺（せんし）様頭痛、雷鳴頭痛、アイスピック頭痛なんていうのもあります。コカイン誘発頭痛、カフェイン離脱頭痛というのもあります。足りないのはフレグランス誘発頭痛くらいでしょうか。

頭痛だけを専門に治療する医師は、世界中にいます。国際頭痛学会もあります。私の家から車で三〇分以内に、頭痛専門クリニックが七つもあります。頭痛だけのための本や学術雑誌があります。それもそのはず、世界保健機関（WHO）の調査で、世界中の大人二〇人のうち一人は、毎日、またはほとんど毎日頭痛に見舞われていることがわかっています。[原注4]

それだけではありません。頭痛に襲われる人の数は増え続け、襲われる頻度も増え続けているのです。偏頭痛になる人の数は（特に若い人の間で）増加しています。――デンマークで行なわれた調査は、一九九四年と二〇〇二年とを比較して、約三三・三パーセントという増加率を割り出しています。[原注5] アメリカでの調査によれば、一九七九年から一九八一年の間に四五歳未満の人に偏頭痛が「著しく」増加したということです。その三年間で、女性の偏頭痛は三三・三パーセント以上増加しています。男性に至っては、増加率は一〇〇パーセントでした。[原注6]

こうした結果を見ても、頭痛には簡単な解決法はないことがわかります。

頭痛持ちの人にはガッカリですが、明るい面もあります。研究対象にできる人口が膨大だということです。しょっちゅうひどい頭痛が起こる人はかなりアンラッキーですが、専門の医師たちにとっては、おあつらえ向きの調査サンプルですからね。

頭痛の研究のほとんどは、偏頭痛と呼ばれる特定の頭痛について行なわれています。偏頭痛とは、かなり強い薬を飲んでもズキズキする痛みを抑えきれず、何日も暗い部屋で横になっていなければならないような頭痛です。偏頭痛に襲われている間は、仕事に出かけるなどといった通常の生活は論外です。WHOは、障害[訳注4]の原因のトップテンの一つとして偏頭痛を挙げ、大人七人中一人に影響を与えていると言っています。[原注7]どんな研究論文を見ても、女性は男性より偏頭痛になりやすいことが示されています。——女性は男性の三倍も偏頭痛になりやすいのだそうです。[原注8]

さて何十年も研究されているというのに、偏頭痛が起こる理由について完全にはわかっていません。でも、多くの人が偏頭痛のトリガーとなるものを持っていることはわかっています。ストレスはトリガーとして一般的です。光の点滅もそうです。民間療法の世界では、赤ワインやチョコレートやオレンジが偏頭痛を引き起こすなどと言われ続けていますが、私が見た論文で、それらがトリガーになると書いてあったものはありませんでした。でもフレグランス製品は、トリガーになると書いてありました。

二〇〇一年に発表された偏頭痛に関する論文には、偏頭痛患者の六〇パーセントが匂いで偏頭痛を起こすとありました。そして患者の六八パーセントは、匂いで偏頭痛が悪化するそうです。この研究は、一般に考えられている以上に頭痛への「副鼻腔の関与」が重要だと結論づけていました。[原注9]この研究の数年のち、一〇〇〇人以上の偏頭痛患者を対象に行なわれた調査が、匂いについてもう少し詳しく聞いてくれています。約四四パーセントの患者が偏頭痛のトリガーとなるものの一つに「香水や匂い」を挙げています。[原注10]

こうした結果を受け、別の偏頭痛患者のグループに対して、二〇一四年にもっと詳しい研究が行なわれました。その結果、匂いが偏頭痛のトリガーになる患者の七六パーセント近くが、トリガーとして「香水」を挙げたのです。香水は偏頭痛のトリガーとなる匂いの中でトップでした（次はペンキで四二パーセント、その次はガソリンで約二八パーセントです）。この研究は「着香料……特に香水は、暴露から数分のうちに偏頭痛発作を引き起こす可能性がある」と結論づけています。[原注11]

この他にもたくさん調査があるのですが、中でも一〇〇人近くの男性偏頭痛患者だけを対象とした研究がありました（男性と女性では偏頭痛のトリガーとなるものが違います。この研究は男性だけについて行なわれました）。そこでは、匂いは偏頭痛発作のトリガーとして第二位（四八パーセント）で、第一位はストレスの多い状況（五二パーセント）でした。偏頭痛を悪化させる要因としても匂いは第二位（七三パーセント）でした。僅差で第一位だったのは、眩しすぎる光（七四パーセント）です。偏頭痛発作を引き起こす匂いには、香水、タバコの煙、香りつき洗剤が挙げられていました。[原注12]

こうした数字を煎じ詰めると、偏頭痛持ちの人たちの約半数にとってフレグランス製品はトリガーになるということになります。ところで今お話した研究は、すべて偏頭痛についてのものでした。では、私のような者の頭痛はどうなのでしょう？　病院に行くほど重症ではないけど、その日一日は間違いなく台無しになってしまうという程度の頭痛は？　ご想像どおり、その統計をとるのはちょっと難しいことです。私のような者は、頭痛クリニックにきちんとかかっていないので、医師のカルテもありません。だいたいは頭痛薬を飲んで、何とかやりすごしてしまいます。

でも、そういう人の数を突き止めようとする調査もあるんです。アンケート形式のことが多いので、頭痛クリニックで調べるほどの正確さはありません。たとえば別の理由で頭痛を起こしているのにフレグランス製品のせいだと答える人もいるでしょうし、自分の頭痛とフレグランス製品の匂いが関係あるなどと夢にも思っていない人もいるかもしれません。こういうアンケートでは、状況を大げさに表現する人もいれば、控えめに表現する人もいるものです。それでもこの調査では、かなり重要な数字が示されていると考えられます。

オーストラリアのニューサウスウェールズ州保健省は、一般的な健康に関する電話アンケート調査を定期的に行なっています。二〇〇二年には次のような設問がありました。「匂いを嗅ぐと必ず具合の悪くなる化学物質がありますか?」調査対象となった人の四分の一弱が、あると答えました。[原注13] 惜しいことにこのアンケートは、どんな化学物質の匂いで問題が生じるかまでは聞いてくれていません。

でも、それを聞いてくれた調査があります。三二パーセントの人が、二〇〇四年アメリカで、無作為に選ばれた一〇〇〇人に電話アンケートが行なわれたのです。三二パーセントの人が、フレグランス製品で健康に影響があったと回答しました。数年後に、やはり一〇〇〇人に対して同様の調査が行なわれ、同様の結果が出ました。三〇パーセントが他人の使っているフレグランス製品の匂いで不快になる、一九パーセントが芳香剤で気分が悪くなる、一一パーセントは戸外に干してある洗濯物の香りで不快を感じると回答しています。[原注14]

さらに二〇一六年に行なわれた別の調査では、フレグランス製品への暴露で呼吸困難や頭痛などの健康被害が発生したと回答した人が三五パーセント近くいました（内訳は、一八パーセントが呼吸器の異常、一六パーセントが目の充血・不快感・鼻詰まり、一〇パーセントが皮膚のトラブル、八パーセントがぜんそく発作と答えています。それから、集中できないなどの認知障害、吐き気など消化器の異常と回答した人もそれぞれ数パーセントずついます）。職場でフレグランス製品に暴露したために具合が悪くなった、早退・欠勤した、または職を失ったと回答した人は、全体の一五パーセントでした。[原注15]

これは驚くべきことです。一般の人の三分の一以上が、フレグランス製品で体調を崩しているというのですからね。これを日常に置き換えるなら、たとえばあなたが、朝、都市部へ向かうバスの乗客六〇人の一人だったとすると、あなたの周りの二〇人はフレグランス製品で具合が悪くなるということになるのです。

私がかかった神経内科の医師を含め、多くの医師が患者を診断する中で、同じような状況を経験していま す。ＡＢＣの記事を書いたクレア・ペインは、そうした医師たちの発言を次のように紹介しています。

キャンベラの神経内科コンサルタント、コリン・アンドリューズ博士は、偏頭痛に特に関心を持っている。香水がトリガーとなって偏頭痛を起こす人がいることはよく知られている、と彼は言う。「偏頭痛患者は強い刺激にとても敏感です。香水もその刺激の一つです。職場の同僚が使っている強い香水で偏頭痛が引き起こされると訴える患者は、これまでに何人もいました」。……

シドニーのロイヤル・プリンス・アルフレッド病院アレルギー科ディレクターのロブ・ロブレー博士は、花粉症や慢性鼻炎の患者にとって香水は鼻の刺激症状を引き起こす可能性があり、くしゃみなどの症状を誘発すると言う。……「スーパーマーケットの洗剤売場が苦手な人たちがいる、ということです」と博士は言う。

「とてもよくあることです……が、被害を訴える人は、あまりいません」。……そして、そうした人たちの症状は、吐き気、不快感、頭痛と多岐にわたっている、とつけ加えた。

メルボルンの内科医コリン・リトル博士は、アレルギーが専門だが、「化学物質不耐症（chemically intolerant）」の患者も診察する。

「空気中を漂う香水で体調を悪くする患者をたくさん診ています。……どう考えても、おかしなことを言っているようにも、大げさに言っているようにも、見えません。そういう人たちが、息切れや呼吸困難、慢性的な鼻の奥の痛み、頭痛、あるいは不安症状などを訴えているのです」とリトルは言う。

香水に対する化学物質不耐症の生物学的メカニズムは、まだ解明されていないと彼は言った。[原注16]

『オーストラリアン・ウィメンズ・ウィークリー（*Australian Women's Weekly*）』誌の人気コラム「アスク・

ザ・ドクター（Ask the Doctor）」で有名なケリン・フェルプス教授は、二〇一六年一一月号でフレグランス成分を含有した赤ちゃんのおしりふきについてこう言っています。「おしりふきに含まれる化学物質で皮膚炎を起こしている赤ちゃんを診察することがあります。……おしりふきを買うときは、必ず成分表をチェックした方が良いでしょう。もし化学の専門知識がなければわからないような物質名が書かれていたら、別の製品を選んだ方が良いですね。無香料、合成化学物質不使用、生分解性のものを選びましょう」。

デトロイトのスーザン・マクブライドは、同僚の使うフレグランス製品で正常に呼吸ができなくなり、病院に担ぎ込まれました。彼女の身に起こったことは珍しいことではないと、何年にもわたって行なわれたたくさんの調査が物語っています。フレグランス製品は、咳が出る、喉がゼーゼーと鳴る、胸が苦しい、息苦しい、といった症状のトリガーとなることがあります。多くの場合、こうした症状はぜんそくと診断されます。

オーストラリア人の一〇から一五パーセントがぜんそくを持っています。[訳注5] そんなにも多くの人がかかっている病気なのに、ぜんそくにはまだよくわかっていないことが多いのです。ダニのように、アレルギーを起こすようなもので、ぜんそくの発作が起こることもあります。一方、自動車の排ガスのような刺激物質でも引き起こされます。運動をしても引き起こされることがあるし、感染症やストレスもトリガーになります。そしてフレグランス製品もまた、トリガーになるのです。

ぜんそくと匂いの関係に関する調査で、対象となったぜんそく患者の三〇パーセントが芳香剤――たくさんのフレグランス成分をばら撒くもの――で呼吸困難になったと回答しています。三七パーセントが香りつき製品で刺激を受けると言っています。[原注17] 一般の人を対象に行なわれた調査でも、芳香剤で呼吸困難などの健康被害にあったことがある人が一七パーセントもいることがわかっています。[原注18] 二〇年ほど前の研究は次のように指摘しています。「匂いによってぜんそくが悪化すると訴える患者は多い。中でも最も頻繁に聞くのは香水とオーデコロンである」。この研究によれば、調査した六〇人のぜんそく患者のうち五七人が、フレグランス製品など、よくある匂いで呼吸器のトラブルを誘発されたということです。[原注19]

一九九〇年代の雑誌に、香水を染み込ませた広告ページが宣伝として盛んに利用されたことがありました。これがぜんそく発作を引き起こすと訴えた人たちがいて、それが単なる気のせいではないことが一九九五年に、ある調査で立証されました。この調査の対象となったぜんそく患者の三分の一が、香水の香るページの匂いを嗅いで症状を引き起こされたのです。この調査で、ぜんそくの重い人ほどフレグランス製品に暴露したときに症状が悪化することがわかりました。論文には、「香水の匂いを嗅いでぜんそくの症状が悪化した患者は、重症者で三六パーセント、中等症者で一七パーセント、軽症者で八パーセントであった」[原注20]と書かれています。

こうした反応は、心因性のものなのでしょうか? 一九九六年に、患者の鼻をつまんで匂いをかげないようにして、気のせいなのかどうか調べた調査がありました。鼻をつままれても、香水に暴露した被験者はぜんそくの発作を起こしました。プラセボ(ニセ物)に暴露した被験者は、発作を起こしませんでした。[原注21]

最近、『カナディアン・メディカル・アソシエーション・ジャーナル(*Canadian Medical Association Journal*)』に、マギル大学医学部の二人の医師が論説を発表し、その中で、ぜんそくとフレグランス製品との関連を示す研究が、現在すでに数多く存在すると述べ、病院をフレグランス・フリーにする必要性を訴えました。

患者によっては合成香料によってぜんそくが悪化する場合があることを示すエビデンス(証拠)が、

次々と明らかになっている。これは、特に病院において問題となる。病院には、ぜんそく患者や……皮膚感受性の高い患者など、脆弱な人々が集まっているからだ。これらの患者は本人の意思とは無関係に、病院スタッフ、他の患者、見舞い客などが発する合成香料に暴露し、臨床症状を悪化させる恐れがある。[原注22]

懸念する医師がいれば、懸念する雇用者もいます。『ジャーナル・オブ・マネージメント・アンド・マーケティング・リサーチ（*Journal of Management and Marketing Research*）』に発表された調査は、次のような結論に至っています。「フレグランス製品が及ぼすぜんそく患者の健康被害は、この数十年で十分に調査が行なわれ、結果が発表されている」。そして、経営者に対してこの問題に取り組むように呼びかけています。[原注23]

アメリカ肺協会（American Lung Association）は、アメリカの呼吸器疾患を持つ人たちの全国組織です。同協会は、フレグランス製品が間違いなくぜんそくのトリガーとなると言っています。「パーソナルケア製品、芳香剤、キャンドル、洗剤のフレグランス成分は、頭痛、上気道疾患、息切れ、集中力の欠如など、健康への悪影響と関連がある」。同団体のホームページには、「職場の空気の質を向上させましょう」というアドバイス・コーナーがあります。そこの「室内の空気汚染物質」リストにフレグランス製品が加えられていて、健康な職場の実現に向けて「従業員のためにも訪問客のためにも、フレグランス・フリー・ポリシーを確立」すべきであると勧告しています。[原注24]

ぜんそく患者は、世界中で増加し続けています。医学論文で「異常発生（epidemic）」と表現されることもあるほどです。増加のパターンはまだわかっていません。――途上国よりも先進国の方が多く、男性より女性の方が発作の回数も多く、重症度も高くなっています。ぜんそくの増加の原因や、多様さの原因について、多くの研究者が今もなお研究を続けていて、この増加の性質（地域別、職業別、年齢別、性別の特徴）から考えて、環境因子やライフスタイル因子が「現在のぜんそくの異常発生に重大な役割を果たしている」[原注25]と感じています。

もちろんフレグランス製品に常にさらされていることは、環境因子やライフスタイル因子の一つになりますね。

さて、フレグランス製品によって引き起こされる頭痛やぜんそくは、アレルギーではありません。一方、湿疹や接触性皮膚炎などの皮膚アレルギーは、フレグランス製品によって引き起こされる症状の一つです。アレルギー反応とは、体内に入ってきた物質を体が排除したいと思って、そのための抗体を作り出す現象です。一度抗体を作ってしまうと、その物質が体内に入ってくるたびに排除しようとします。病院でアレルギーの検査ができるのは、このためです。――抗体を調べれば良いのです。

非アレルギー反応の場合、体が物質から刺激を受けるだけで、抗体は作りません。だから検査のしようがないのです。――客観的に測定できる生物学的マーカーがないのです。

（この分野では、よく似た言葉が使われていて、わかりにくい場合があります。非アレルギー反応は、「アレルギー」と区別するために、よく「過敏症（sensitivity）」と呼ばれます。一方で、ややこしいのですが、体が抗体を作り出すとき、「過敏化（sensitization）」[訳注6]という言葉が使われます。患者の立場からすると、アレルギーは客観的に確認できるのに対し、過敏症はある種の症状の集まりだという大きな違いがあります。非アレルギー反応には、「不耐症（intolerance）」という言葉もあります。混乱を避ける意味では、こちらの方が良い呼び名です。もっとも実生活では、フレグランス製品で症状が出る人たちは、簡単にアレルギーがあると言っちゃった方が理解してもらいやすいんですけど）。

皮膚アレルギーのトリガーを正確に突き止めるために、皮膚科の医師は「パッチテスト」をします。皮膚に小さなひっかき傷を作って、いろいろなアレルギーのトリガー物質を一滴ずつたらします。アレルギーを起こす物質がひっかき傷につくと、そこが炎症を起こします。皮膚科医がパッチテストに使う物質に、フレグランス・ミックスと呼ばれるものがあります。フレグランス・ミックスには標準的に二種類あります。どちらも、皮膚アレルギーを引き起こすことがわかっている数種のフレグランス成分をあわせたものです。

皮膚科の世界では、フレグランス成分で皮膚アレルギーを起こす人が一から四パーセントいると考えられています。[原注26]オーストラリアでは、二四万から九六万人ということになります。フレグランス成分の皮膚アレルギーは、女性が男性の四倍も多いのです。一般的に、男性より女性の方がフレグランス成分の入ったスキンケア製品や洗剤に接する機会が多いせいだと、研究者たちは考えています[原注27]（男性がフレグランス製品で皮膚アレルギーになるのは、パートナーである女性を通してというルートがあって、いつしか皮膚科医たちは「コンソート（配偶者）」皮膚炎とシャレた呼び方をするようになりました）。

この数十年、フレグランス成分の皮膚アレルギーは激増しています。そう言ってしまうと比較的最近の現象のように思えますが、最初に医学論文でアレルギーの一つとして分類されたのは一九五七年のことです。[原注28]この三〇年で、先進諸国では皮膚アレルギーとしてよく知られるアトピー性皮膚炎が二～三倍に増加しました。今、子どもの一五～三〇パーセント、大人のほぼ一〇パーセントがアトピー性皮膚炎にかかっています。[原注29]あるアレルギーの研究論文は、以下のような言葉で結ばれていました。「近年、フレグランス製品がちまたにあふれていることに加え、子どもや男性向けのフレグランス商品が市場に登場し成長を続けていることが、フレグランス・アレルギーの増加の原因であると考えられる[原注30]」。

皮膚科医は、まるでクリケット選手やレストランでも格づけするように、楽しそうにアレルゲンを格づけしています。[訳注7]二〇〇六年、北米接触性皮膚炎グループ（North American Contact Dermatitis Group）[訳注8]は「トップ・スリー・アレルゲン」を発表しました。――実際の患者に最もアレルギーを起こしているもの三つです。第一位は硫酸ニッケル（腕時計やアクセサリーに使われているもの）で、患者の一九パーセントがこの物質のアレルギーでした。第二位はペルーバルサム、[訳注9]フレグランス製品の原料に使われます。約一二パーセントでした。第三位はフレグランス・ミックスで、一一パーセント強でした。第二位と第三位は共にフレグランス製品の原料です。両方をたすと二三パーセントになります。つまりフレグランス成分がアレルゲンの第一位とも言えるわけですね。[原注31]

アメリカ接触性皮膚炎学会（American Contact Dermatitis Society）は毎年、「アレルゲン・オブ・ザ・イヤー」というおもしろい発表をしています。二〇〇七年はフレグランス製品でした。二〇一三年は、メチルイソチアゾリノン。フレグランス製品に防腐剤として使われる物質です。二〇一四年はベンゾフェノン。フレグランス製品に使われる紫外線吸収剤です。[原注32]

フレグランス製品にアレルギー反応を起こす人に対して、皮膚科の医師が勧める治療法はとても単純なことです。原料に「フレグランス」や「パルファム」と書いてある製品は避けること。詳しい成分表は必要ありません。ほとんどのフレグランス製品は、一つ以上のアレルゲンを含んでいるからです。多くは、複数のアレルゲンを含有しています。フレグランス・アレルギーに関する最近の調査で、「ヒトへの接触アレルギーを引き起こすことがわかっている」物質として、五四の化学物質と二八のエッセンシャル・オイルの名前が挙げられています。[原注33]いずれにせよ、あなたのアレルギーを引き起こす物質として一つか二つのフレグランス成分を特定できたところで、何の意味もありません。フレグランス製品のラベルには、フレグランス成分名なんて書いてありませんから。

フレグランス製品で具合が悪くなる人の数は、調査研究が示す数よりもおそらくはずっと多いでしょう。そういう調査研究は、病院に治療を受けに来た人の数を数えているからです。専門医の門をたたく人がいる一方で、病院に行かずにやりすごす人もたくさんいるのです。

私がこの本に関する調査をしているとき、「今度は何を書かれるんですか?」とよく聞かれました。最初はきまりが悪くて、何をやっているか言えませんでした。小説家が何でフレグランスの本を書くの? と言われそうで。でも時間と共に、だんだんと本当のことを言う勇気が出てきました。「フレグランス製品で頭痛が起こるので、そのことをちょっと書いているんですよ」と言うようになりました。

すると次に、なかなかおもしろいことが起こります。中には「あらら、変なこと言い出したよ」という目で見る人がいます。が、多くはキツネにつままれたような顔をして、「ああ、フレグランスですか……」と言います。そうして皆さん、ご自身のフレグランス・ストーリーを語り始めるのです。

私の作家仲間で、お姑さんの家を訪ねるたびに、香水のせいでくしゃみが止まらなくなるという人がいました。別の作家仲間が話に割り込んできて、私と同じように香水で頭痛が起きると教えてくれました。彼女はこう表現します。「みんながつけてる、身の毛もよだつあのムスクの匂いよ!」女性の学者さんで、ある男性研究者がつけている大量の「ヘアケア製品」が苦手なために、学会のたびにその人から遠く離れて会議場のすみっこにいなければならない、という人もいました。職場のエレベーターの狭い空間で香水をつけた女性たちと一緒になると、恥ずかしいほどくしゃみが出て仕方がないので、エレベーターに乗れないと言う男性もいました。

果物屋さんで私を接客しながら私たちの会話を聞いていた店員さんが、突然こう叫んだこともあります。

「そこいら中でたいているお香！　あれは胸くそ悪くなるわね！」シドニー・アイ・ホスピタルの眼科医で、香水をつけた患者のせいでぜんそくになった人がいます。彼の秘書は患者たちに香水は控えてくださいとお願いし、それでも香水をつけてきた患者は、ロビーの洗面所で洗い流してくるように言われます。まだ匂いが残っていれば、その日は家に帰り、別の日に出直すことになります。この本の出版担当者は——フレグランスの本なんかじゃなくて、小説を書いてくださいよと言ったあとで——、香りつき製品を使うと湿疹が出ると、さらりと言っていました。この本の編集者は、強い香水で頭痛がするそうです。

そんな話を聞いていると、なんだ、被害者続出じゃないのと思えてきました。でも皆さん、声高に被害を訴えたりはしません。フレグランス製品が苦手と話してくれた人の中には、長年の友だちもいました。それなのに、そんなことぜんぜん知りませんでした。フレグランス製品がダメな人はたくさんいる、ただ誰一人、語ろうとしないだけなんだ、とつくづく思い知ったのです。

それもそのはずです。フレグランス製品は素晴らしいもの、ということになっています。フレグランス製品は、誰もが好きに決まってる。お花の香りや森林の香りを楽しまないのは、どこかの変わり者だけ。だからみんな我慢しているんです。そんな変わり者は自分だけだろうと思って。それに、フレグランス製品のことで文句なんか言ったら、気まずくなるじゃないですか。あんたの匂いで気持ち悪くなったよ、なんて、どうして言えますか？

でも塗りたてのペンキで頭痛がしたり、咳が出たりする人がいるということは、多くの人が知っていますよね。ペンキの中には、人間の体が好まない物質が入っているからです。でもそれは、ペンキが壁から流れ落ちないようにする物質（有機溶剤）だから、不快でも仕方がないと思うわけです。ペンキの缶に書かれている注意――換気を十分に行なってください――を守って、その不快感をなるべく少なくしようとするでしょう。そういうわけで、匂いで気分が悪くなることは、それほど変なことでも、珍しいことでもないのです。

ペンキの場合、匂いは製品の目的ではなく、副産物ですね。一方フレグランス成分は、匂いが目的そのものです。そしてその「良い匂い」を出すものが、多くの人の気分を悪くするものです。そうなると、一体どんな成分が入っているのか知りたくなってきませんか。あれって、ただのお花の香りじゃないのかしら？

訳注

訳注1　ポプリは乾燥させた花びらに香料を混ぜたもの。
訳注2　ロー・セント（low scent）は香りをなるべく控えたの意。ポリシーは方針の意。
訳注3　香りのする製品を一切使用しない。
訳注4　WHOは、偏頭痛によって失われた健康的な時間のことを「障害（disability）」と定義している。
訳注5　日本では、国民全体で約八〇〇万人が罹患している（二〇〇八年）。第一回アレルギー疾患対策推進協議会（二〇一六年二月三日）資料「アレルギー疾患の現状等」（厚生労働省健康局　がん・疾病対策課）より。
訳注6　ある抗原に対してアレルギー反応を起こし得る状態になること。感作、感受性亢進とも言う。
訳注7　アレルギー反応を引き起こす物質。
訳注8　一九六〇年代に北米で発足した、学会よりは緩やかな研究者の集まり。
訳注9　中米原産のマツ科の樹木から採取する精油。

第三章　ボトルの中には何が？

What's in the bottle?

二〇世紀後半に人類が見識を持つようになるまで、お店で売っているものには原料が書いてありませんでした。昔、牛乳を水で薄めた、パンのかさを増やすためにおがくずを混ぜたと、大騒ぎになったこともありました。そこで、製造者が製品の中に入っているものを消費者に知らせることを義務づける法律が各国で制定され始めました。今日、あなたが買ったパンや牛乳に何が入っているか知りたければ、ラベルを見れば良いようになったのです。今、牛乳の容器には、中に牛乳が入っているという重要な情報が記載されているでしょう。

私は近所のドラッグストアに行って、香水の棚に近づきました。香水を買うわけじゃありません。どこにでもあるような香水を選んで、（息を止めながら）箱のうしろ側を写真に撮りました。家に帰り、箱に書いてある成分表が読めるように写真を拡大しました。全部で一七種類の物質名が書いてあります。

最初に書いてあるのは——主成分の——「変性アルコール」。インターネットでちょっと調べてみると、メタノール変性アルコールの別名だとすぐにわかりました。[訳注1] 二番目の原料は「アクア」。——ラテン語で水のことですね。三番目の原料は、「パルファム（フレグランス）」。いやはや、恐れ入りました。フレグランス製品の容器にフレグランスが入っているくらい、私にだってわかるんですけど。

さて、あとの一四種類は、聞いたこともない物質です。サリチル酸ベンジル、ブチルフェニルメチルプロパナール、α-イソメチルイオノン、ヒドロキシシトロネラール、アミルケイヒアルデヒド、シトロネロール、ゲラニオール、クマリン、リナロール、安息香酸ベンジル、リモネン、メトキシケイヒ酸エチルヘキシル、ジエチルアミノヒドロキシベンゾイル安息香酸ヘキシル、M74139。

この成分表を見て、私はびっくりしました。何がって、まず、お花に関係のあるものなんて、何一つないのですから。いや、私が知らないだけかしら？　ひょっとしたら科学者の方々は、バラのことをα-イソメチルイオノンと呼ぶの？　ねえダーリン、君のためにきれいなα-イソメチルイオノンの花束を買ってきたよ！　なんて。

それから、こんなにたくさんの物質名が並んでいることにも驚きました。香水に求めるものがお花の香りだとすれば、これらの成分は一体何なのでしょう？

それに、私が知りたかったのはフレグランス成分のことです。フレグランス成分についてこの表示に書いてあったのは、フランス語の「パルファム」だけで、何の役にも立ちませんでした。もう少しインターネットで調べてみると、成分表に書いてあったことの意味がやっとわかりました。フレグランス製品の香り成分は企業秘密だったのです。法律で香水メーカーに求められているのは、ラベルに「パルファム」か「フレグランス」と表示する（または念のため両方表示する）ことだけなのです。[訳注2] この成分表は、ぜんぜん成分表になっていなかったのです。

世界のフレグランスメーカーを束ねている国際香粧品香料協会（IFRA: International Fragrance Association）という団体があります。IFRAのホームページは情報が満載です。その中に、フレグランス成分のリストがあります。——これは「パレット」と呼ばれ、メーカーはこの中から成分を選んで独自ブランドのフレグランス製品を作るのです。[原注1] 平均的な「パルファム」で、このリストの成分の一〇〇種類以上が使われていることもあります。このリスト自体に大いに関心はありますし、きっと便利なのでしょうけど、フレグランス製品に何が入っているのかを知ろうと思うと、あまり役には立ちません。なにしろこのリストには二九四七もの物質名が並んでいるんですから。

試しに最初の二〇物質を見てみましょうか。アセトアニソール、オポパナックス抽出物（エクストラクト）、4-メトキシ安息香酸、グラスおよび干草および抽出物、エンピツビャクシンおよび抽出物およびエポキシ化物、オクタナールジメチルアセタール、2－メチル－4－フェニル－2－ブチルイソブチレート、酢酸2－エチルブチル、ヘプタナールジメチルアセタール、イソ吉草酸（きっそうさん）ヘキシル、ヘキシル2－メチルブチレート、スチレン、ベンゾニトリル、ベンジルアルコール、ベンズアルデヒド、α，α－ジメチルフェネチルアルコール、α，α－ジメチルフェネチルブチレート、2－メチル酪酸3－ヘキセニル、α－メチルシンナムアルデヒド、フェニル酢酸メチル。

何となく想像がつくものもありますね。オポパナックス、エンピツビャクシン、グラス。これは植物ですね。スチレンは聞いたことがあります――プラスチックの一種でしょう？　でもあとは、とてもじゃないけどわかりません。フレグランス製品の中に入っているのはどんなものなのかを知りたいのですから、もっと簡単なところから始めることにしましょう。

「フレグランス成分」で検索してみると、パソコンの画面にはまた別の集団が現われます。フレグランス製品で頭痛を起こす人たちではなく、フレグランス製品を賞賛する人たちです。インターネット上で私が見つけたのは、香水を芸術と宗教の間にある何ものかのごとく扱う人たちで、彼らは一つのサブカルチャーを形成していました。小説『香水　ある人殺しの物語』を著わしたドイツの小説家パトリック・ジュースキントなんかはその中の一人ですね。この小説は、香水に捧げる歓喜の歌です。「匂いの力はことばより強い。目よりも強い。感情よりも強く、意志よりも強い説得力をもっている……」なんて言ってますから。[原注2]

調香を趣味にする人たちもいます。原料を買って、自分のオリジナル香水を作るのです。自分に似あう香水をアドバイスしてくれる、香水コンサルタントなんていう人もいます。香水をコレクションして、それぞれを比較・論評する人もいます。インターネットで、あふれ出る香水愛を華麗な文章で綴っています。たとえばこんな風に。「（この香りは）はじめにオレンジとプラムとブドウのシロップが漂い、底流にジャスミンがほのかに伴っている。……ゆっくりと乾く間に、若干パウダリーに変化し、アーモンドとバニラにも似たキダチルリソウの花の香りが支配的になって、先ほどのジャスミンと月下香（チューベローズ）はどこかへ消えてしまう。フィニッシュへと向けて、やや甘いサンダルウッドとおとなしめのムスクが香りをサポートする」。

調香師とその「鼻」が神秘的なこともまた、香水を魅力あるものに仕立てています。あるコメンテーターはこんな風に表現しています。「つまるところ、香水の放つオーラの名状しがたい大きな魅力の一つが、その神秘性にある」。

香水の熱狂的な信奉者の中にも、フレグランス製品が頭痛や咳を引き起こすことがあると認める人がいます。でも香水ファンのホームページを見ると、多くの人は安物だけがそういう症状を引き起こすと信じているようです。そういう熱狂的な人たちによれば、安物は合成原料でできているからだそうです。要は石油化学工業の産物だからということです。ファンの皆さんは高級な香水が天然原料だけでできていて、合成原料は使っていないから、頭痛なんか起こらないと信じているのです。

この手のホームページのヨタ話から真相を見つけ出すのは、なかなかおもしろい作業でした。「安物だけが石油化学製品」説は、あるインターネット・フォーラム[訳注3]に書き込まれた情報が震源地だと判明しました。でも実際には、フレグランス成分の出自はさまざまです。天然原料――植物や動物の匂い成分――を使っているものもあれば、合成品――天然の匂い成分を人工的にコピーしたもの――を使っているものもあります。そして、天然の匂いをマネたものの中には、天然の匂い物質とは完全に違う化合物もあります。それはこれまで地球上に存在しなかった化合物で、自然界に同等品はありません。

天然の匂い物質は、ほとんどが植物から抽出されたものです。何世紀もの間、一般にエッセンシャル・オイルとして知られる香りの濃縮液を作るために、人類は植物を切り刻んだり搾ったり、溶剤に浸したり加熱したり、水蒸気を蒸留したりしてきました（動物からとるムスクなどもありますが、それはのちほど）。

私は常々、エッセンシャル・オイルとはバラの香りやジャスミンの香りといった一つの匂い物質だけでできているのだと、何となく思っていました。でも実際は、エッセンシャル・オイルが百種類以上の成分でできているのだと、今回の調査で知りました。その一つ一つは、異なる物質です。[訳注4]

たとえばバラのエッセンシャル・オイルは、一五〇もの物質が混ざりあっています。そのうちいくつかの物質は、別のエッセンシャル・オイルにも含まれています。——自然はとても倹約家ですから、一つ一つの植物について成分をすべて一から発明するのではなく、重要な成分は他の植物にも使い回されているのです。そしてバラの匂いがジャスミンやレモンの匂いと違うのは、バラに特有の匂い物質が含まれているからです。中でもβ-ダマセノンという物質がカギになります。エッセンシャル・オイル全体の一パーセント以下の含有量ですが、この物質の「臭気閾値」[訳注5]はとても低いので、それっぽっちでも人間の鼻はすぐにバラの香りと認識するのです。

（念のために、バラのエッセンシャル・オイルのその他の主成分も書いておきましょう。ピネン、ミルセン、2-フェニルエチルアルコール、リナロール、シス-ローズオキシド、ノナデカン、ファルネソール、テルピネン-4-オール、酢酸ゲラニル、オイゲノール、メチルオイゲノール、シトロネロール＋ネロール、ゲラニオール、イオノン、ドコサン、ヘプタデカン）[原注3]。

天然のフレグランス——上記のようなエッセンシャル・オイル——は、何世紀もの間、香水だけでなく医薬品としても利用されてきました。アロマセラピー（芳香療法）やハーバリズム（薬草療法）のヒーリング・パワーを力説する人たちもいます。エッセンシャル・オイルの中には、ゆるやかな治療効果を持つものもあるとわかっています。――たとえばジャスミン・オイルには、多少の抗うつ効果が期待できるかもしれません。[原注4] でもエッセンシャル・オイルの治療効果について世間で語られているわりには、医学的に証明されたものはそう多くないのです。

それどころか、エッセンシャル・オイルの中には、確実に体に悪いとわかっているものもあるのです。ペニーロイヤルミント[訳注6]やサッサフラス[訳注7]のオイルには、発がん性があることがわかっています。[原注5] ペルーバルサムには強い皮膚感作作用があって、皮膚アレルギーを引き起こすことがあるとわかっています。[原注6] 二〇〇七年の研究論文で、ラベンダー・オイルには人体に有害なホルモン様作用[訳注8]があることが示されています。[原注7] この研究には疑問を抱く向きもありましたが、アメリカのメモリアル・スローン・ケタリングがんセンターという有名な病院が、ラベンダー・オイルの長期使用は「ホルモン依存性がん患者[訳注9]については避けるべき」だと言っています。[原注8] アロマセラピストですら使い方を注意するように呼びかけている植物エキスがありますし、IFRAも二〇種類のエッセンシャル・オイルをリストアップして、フレグランス製品に使用することを禁止または規制しています。[原注9]

ということで、――皆さんのお持ちのイメージとは裏腹に――すべてのエッセンシャル・オイルが体に良いわけではないのです。なぜ植物は匂い物質を作り出すのかがわかれば、その理由がわかります。大地に縛りつけられて逃げることも追いかけることもできない生き物たちにとって、匂いは生死を決する重要なものです。植物の良い匂いは、受粉を手助けしてくれる昆虫を惹きつけるための数少ない方法の一つです。匂いを出せなければ、子孫を残すことはできないわけです。悪臭やひどい味は、植物が自分自身や貴重な種子を守る絶好の手段になります。猛毒の菌類やバクテリアを持っている植物だってあります。食べると苦かったり、毒だったりしても、身を守ることができます。

動物もまた、同じ理由で匂い物質を出します。スカンクの出す匂いは、まるで催涙ガスのように敵を退けます。反対に、オスの鹿が出す匂いを、メスの鹿はとってもセクシーに感じます（どれくらいセクシーかって？「ムスク」はサンスクリット語で「睾丸」という意味なんですよ）。もしあなたがオスの鹿だったら、あなたの作り出すムスクが刺激的であればあるほど、子孫をたくさん残す可能性が高いということになります。

要するに、天然のフレグランスは、必ずしも私たちの人生を良きものにするために自然が気前よく与えてくれた贈り物というわけではない、ということです。ものすごく強力で、ときに有害なものもあります。ただ、人類はこうした動植物と共に進化してきました。悪臭や苦味を避ける知恵がありますし、自然界に存在するほどの量なら、良い匂いの物質が健康を害することはありません。バラ一本の匂いを嗅いだって、頭痛を催したりはしないでしょう。

問題は、何千年もたつうちに、ただでも強力な匂い物質を濃縮するなんていう技を身につけてしまったことなのです。一キログラムのバラのエッセンシャル・オイルを作り出すのに、四〇〇〇キログラムものバラの花びらが必要です。[原注10] つまりバラのエッセンシャル・オイルの匂いを嗅ぐということは、本物のバラの匂いの何千倍もの匂い成分を嗅ぐことになるのです。

エッセンシャル・オイルは、動植物から作られているという意味では天然です。でもその匂いを嗅ぐとき、一本ではなく何百本分ものバラの匂いが鼻先にあるのだという意味では、不自然なものなのです。

イタリアのキプロス島で、四〇〇〇年も前の香水のびんが発見されています。その時代から一八八七年頃までの間、良い香りを手に入れたいと思う人たちは、植物や鹿の睾丸[訳注10]と格闘しなければなりませんでした。その後、化学が突然、飛躍的に発達し、賢い人たちが合成フレグランスを作る方法を考え出しました。

まず、化学者たちは天然フレグランス原料からさまざまな成分を分離する方法を考え出しました。たとえば、バラのエッセンシャル・オイルの一五〇種類の成分から、β‐ダマセノンだけを取り出すといったように。一つの成分だけを取り出せるようになると、それが厳密に何でできているかがわかりました。β‐ダマセノンの一つ一つの分子は、炭素原子一三個、水素原子一八個、酸素原子一個が特定のくっつき方で組みあわさっているとわかったのです。化学式で言うと、短い書き方では $C_{13}H_{18}O$、長い書き方では（E）-1-(2,6,6-Trimethyl-1-cyclohexa-1,3-dienyl) but-2-en-1-one です（後者の方は、化学者が見れば何の原子からできているかだけでなく、それぞれがどうやってくっついているかもわかってしまうそうです）。フレグランス化学の世界では、この長ったらしい文字の集合体がバラの香りを表わす言葉なのです。

天然の物質が何からできているかを解明するのはおもしろい作業でしょうが、それだけではお金儲けになりません。化学者たちが本当にしたかったのは、自然界が物質を作る過程をはしょることでした。エッセンシャル・オイルは、お高い。天然のバラのエッセンシャル・オイル五ミリリットル――小さじ一杯ほど――で、およそ三〇〇ドルです。香水を化学する方たちの崇高なる目標は、バラの香りをバラよりお安いもので作っちゃおうということでした。

理論的には至極簡単。この世に存在する炭素原子なら――どんな化合物の一部だろうと――、どれもまったく同じです。水素でも酸素でも同じことが言えます。化学者たちがβ‐ダマセノンを作る第一段階は、炭素を含むものから炭素を取り出すことでした。炭素が他の物質と混ざっていたってかまいません。それから水素を含むものから水素を取り出し、酸素も以下同文。

炭化水素は、読んで字のごとく、炭素と水素の化合物です。石油からとれる炭化水素は、値段も安いし量もふんだんにありました。化学者たちは炭化水素から炭素と水素を取り出す方法を考えました。酸素は、その辺にある空気から取り出しました。三つの材料を混ぜあわせて、寸分たがわず正確に組みあわせるのはちょっと難しい作業でしたが、どうにかうまくいきました。そうして出来上がったのが、(E)-1-(2,6,6-Trimethyl-1-cyclohexa-1,3-dienyl) but-2-en-1-one。つまり、バラの香りです。

炭素と水素と酸素を正しい数で正しくつなぎあわせることさえできれば、あとはその原子の出自なんて、もはやどうでも良いことです。バラが作り出したβ-ダマセノンと、研究室で作り出されたβ-ダマセノンとは、まったく同じものです。ときどき香水のラベルに書かれているように、「**ネイチャー・アイデンティカル**（NL）[訳注11]」なのです。そうです、合成フレグランス成分が石油から作られていたとしても、それが石油**そのもの**というわけではありません。

その違いがどこにあるかというと、二〇〇ドルで合成β-ダマセノンが一キログラム買えますが、同じお金でバラのエッセンシャル・オイルを買おうと思えば、小さじ一杯分にもなりません。——しかもβ-ダマセノンは、その小さじ一杯分のエッセンシャル・オイルのわずか一パーセントにすぎないのです。

第二次世界大戦以前の香水は、天然成分がけっこう含まれていました。合成品の多くは、まだ開発されていなかったからです。でも今フレグランスメーカーは、手摘みのバラの花びらにすればバスケット一杯分程度の費用で、怒濤のようにフレグランス製品を製造しています。かつては家内工業レベルの量しか作れませんでしたが、今では膨大な生産量となり、その利益も莫大です。

神秘的な「調香師」のうしろに控える製造業者の面々は、分別あるビジネスマンばかりですから、ある経済ロジックに従って行動しています。今年人気ナンバーワンの香水だろうと、森林の香りのトイレ用洗剤だろうと、今やすべてのメーカーが合成香料を使う、というロジックです。

もちろんトイレの洗剤より高級香水の方が上品な調合でしょう。香水の方が成分の配合は繊細で、心も躍る香りですからね。それに高級な香水の中には、今でも天然成分を少し配合しているものがありますし。もっとも表示に関する法律のおかげで、メーカー以外は誰にも、何が入っているかわからないのですけどね。ではなぜ――皮肉で言うわけではなく――香水メーカーは天然成分を配合するのでしょうね？　合成原料の方が何百倍も何千倍も安い上に、成分は企業秘密だというのに。

今の香水は、アセトアルデヒドエチルシス-3-ヘキセニルアセタール、なんてロマンのかけらもないもので作られています。このアセトなんとかをテーマに、小説でも書いてみようかなんて思えますか？　思えませんよね？

初期の頃に作られた合成フレグランス成分は、天然の動植物が持っている匂い物質と化学的には同じものでした。それなのに「天然は良い・合成は悪い」という世の中の思い込みはなかなかなくなりません。ところが、その思い込みの中に、小さな真実が隠されているのです。石油とは関係ありません。濃度と組みあわせに関する真実です。

自然界で大量のβ-ダマセノンを手に入れることは、絶対にできません。バラの花のジュースをどんなに濃縮しても、β-ダマセノンはその一パーセントでしかないのです。でも試験管いっぱいのβ-ダマセノンを作り出せば、フレグランス製品の中にどれだけ入れようとお好み次第です。一パーセントなんてケチなこと言わずに、一〇パーセント、二〇パーセント、いやいや五〇パーセント入れたら、もっともっと良い製品になってバカ売れすると思いませんか。

自然界に存在する濃度の一〇倍、二〇倍、五〇倍のβ-ダマセノンを吸い込んでも、人体には何の影響もないかもしれません。でも今まで見てきたように、匂い物質というのは強力です。一パーセントなら無害でも、もっと濃くなったら有害かも。

天然β-ダマセノンを含有するエッセンシャル・オイルと合成β-ダマセノンには、もう一つの大きな違いがあります。エッセンシャル・オイルの中で、β-ダマセノンは約一五〇種類の成分の一つにすぎません。そして合成品を作るメーカーは、他の一四九種類の成分を加えないかもしれません。そうなれば本当なら一緒に含まれている仲間の化学物質が入れられないことになるのです。

化学の世界では、こうした仲間の成分については未だ研究途上で、複合的な作用についてはよくわかっていません。有害性を持つ物質の緩衝剤として働く物質があるということは、わかっています（たとえば抗酸化物質としての働きなど）。でも、一つ一つの物質がどんな役割を果たしているのか、どんな抑制効果を発揮する能力があるのかについては、まだまだ謎だらけなのです。取り除いてしまうことで、天然の組みあわせなら発揮できるはずの抑制作用も一緒に取り除いてしまっているかもしれないのです。

高濃度のβ-ダマセノン（または他の匂い物質）を吸い込んでも問題ないかもしれませんし、仲間の物質を取り除いて匂いを嗅いでも大丈夫かもしれません。ですが何と言っても、この世に生まれて間もないものです。人類は植物と一緒に進化してきました。ホモサピエンスは何十万年も、バラの香り——一五〇種類の化学物質でできていて、β-ダマセノンはそのうちのたった一パーセント——と共に生きてきました。人類が今やっているような濃度や組みあわせの操作は、良いことかもしれませんが、悪いことかもしれません。あるいは、やってもやらなくても、人体への影響は変わらないかもしれません。これはまさに、実験です。モルモットは人間というわけです。

合成フレグランス成分について、おもしろい話があります。他の成分と分離された合成成分は、ときとして奇妙な行動をとります。鹿のムスクが良い例です。化学者たちは、ムスコンと呼ばれる中心的な匂い成分の合成品を作り出すことに成功しました。値段も格段に安いし、本物のジャコウを手に入れるために鹿を殺さなくても良いのですから、動物愛護団体の怒りを買わずにすみます。ところが、です。本物のムスクは良い香りですが、ムスコンは――汚い表現は避けますが――いわゆる動物の排泄物というか、獣特有の匂いがするらしいのです。天然のムスクの中で、ムスコンはたくさんの成分の一つにすぎません。他の成分が一致協力して、そのイヤな匂いを相殺していたようなのです。次なる課題はその匂いを合成成分から消し去ることでした。

合成ムスクの分子のどこか――「ニトロ基」――に悪臭のもとがあるのでは、と化学者たちは考えました。取り除くために、合成ムスク分子をあれこれいじくり回しました。そのため、天然物質と同じではなくなったのです。分子構造を変えれば、自然界にはないものを発明したことになります。こうしてまったく新しいフレグランス成分が生まれました。――それは人工的な物質で、自然界に同等品はありません。

有名な現代フレグランス化学者フィリップ・クラフト[訳注12]が、彼らのやっていることをこんな風に表現しています。「ある分子の形を決定づける立体構造要素をいじっていて、――たとえば馬の蹄鉄の形に分子が折れ曲がるような構造要素を入れてみると、ムスクの香りになったりすることがあります」。分子に剛性を加えると、もっとはっきりした香りになることが多いんだそうです。「あるいは、分子にもっと柔軟性を与えると、新しい脇役の香りが加わるかもしれません。――全体の形を残しつつ、より軽く、広がりやすいように部分的にカットすることもできるでしょう[原注11]」。

こうしてできた新しい化学物質は、開発した企業が特許を取得して、トナリドとかガラクソリドといったブランド名がつけられるのです。

世界最初の合成ムスクが開発されたのは、一九二〇年代頃でした。合成ムスクは神様からの贈り物のように思われていたことでしょう。石けんや洗剤の主成分は、お世辞にも良い匂いとは言い難いですからね。石けんはすべて、油や脂肪をベースに作られます。最も安いのは、鉱物油（石油製品）や獣脂（牛脂など）です。そうした原料から作られる製品は、真っ白い洗濯物のような匂いにはなりません。原料である油や脂肪の匂いが、少し残ってしまいます。その匂いを隠すのに、合成ムスクはうってつけなのです。

一九五〇年代頃から、合成ムスクは大量に使用され始めました。その頃から、化学者たちはあれこれと分子をいじくって、新しい種類を次々に考え出していったのです。今では、合成ムスクは心地よい香りで、「アクアマリン」とか「真っ白い洗濯物」などと表現されたりします。今では、合成ムスクはあらゆる有名ブランドの洗濯用洗剤に使われています。――スーパーマーケットの洗剤売場のあの匂いは、合成ムスクの匂いです。今では洗濯物から、あの「真っ白い洗濯物」の匂いが漂うのがあたりまえだとみんな思っています。本当は真っ白い洗濯物の匂いではなく、真っ白い洗濯物を連想させる人工的な化学物質が匂っているだけとも知らずに。

メーカーは一種類の香水を作るのに、たくさんの匂い成分を組みあわせます。その匂いは、時間がたつにつれて変化します。一つ一つの成分が蒸発して、空気と結びつくからです。調香師にとってこの変化のコントロールは、超えるべきハードルです。古典的な方法としては、「トップノート」、「ミドルノート」、「ベースノート」[訳注13]を一緒に調合するというものがあります。

味気ない化学変化に音楽用語をあてはめるなんて、ロマンチックですね。これは成分による揮発のタイミングの違いを表わします。トップノートは、一番早く揮発する成分です。肌に香水をつけたとき、トップノートの香りが真っ先にわかります。つけた途端に揮発する（気体となって空気中に飛んでいく）からです。ミドルノートはもう少しゆっくり揮発します。ベースノートはもっとゆっくり揮発します。香水を肌につけてしばらくすると、香っているのは、ほぼ揮発の遅い物質になります。「長く香る」香水は、トップノートが揮発したあと空気中に香り続けるベースノートが、たっぷり使ってあることが多いのです。

「伝播」や「拡散」のクオリティで、香水の価値は決まります。——どうも香水をつける人たちは、その香りがすべての人に届いてほしいと願っているようです（ある香水屋さんがホームページで、「今までとはまったく違うレベルで周りの人の注意をあなたに惹きつけます」と宣伝していた香水がありました）。香水を遠くまで飛ばすためには、特に早く揮発するトップノートが含まれている必要があります。人間の肌は温かいので、トップノートの分子は空気の中へと飛んでいき、外界へと広がっていきます。

そのバランスとタイミングはすべて、調香師の腕にかかっています。でも決して魔法などではありません。成分どうしの科学的・物理的作用によるものなのです。

さて、香水には他にどんなものが含まれているのでしょう？　素敵に香るだけでなく、もっと俗っぽいことも考慮しなければなりませんね。香水の成分の中には、紫外線に弱いものがあります。豊かな香りが不快な匂いに変わってしまいかねません。そこで香水メーカーはだいたい、紫外線から守るための化学物質を添加します。また、酸素に反応しやすい成分も含まれています。酸素に触れた途端にひどい匂いに変わってしまうのです。だから酸化防止剤も添加されています。香水の色も、美しいクリアイエローから濁ったカーキ色に変わってしまうかもしれません。変色防止剤も必要ですね。そもそも出来上がった香水が魅力的な色でない可能性もあります。美しく見せるためには、着色剤が必要でしょう。

それから、そういうもの全部をずっと混ざった状態にしておくものと、品質を保つためのものも必要です。

ソルベント（溶解剤）と保存料も入れましょう。昔は龍涎香が最適でした。クジラが作り出す脂っこい変な物質です[訳注14]。龍涎香は涙が出るほど高いので、今では使われていません。同じ仕事をしてくれる、もっと安い物質が開発されたから大丈夫。フタル酸ジエチルという化学物質です。ラベルに「パルファム」と書いてある製品は、だいたいフタル酸ジエチル、別名DEPが含まれています。

さて、ボトルに入っているものは、だいたいこんなところです。良い香りのものと、良い香りが変化しないようにするもの、全部をまぜこぜにするものですね。

この四〇〇〇年ばかりの間、人類は良い香りを作り出すのにとても苦労してきました。私は単純に、それはなぜなのかと不思議に思いました。そこまでの苦労をして満足させるべき嗅覚とは、一体どんなものなのでしょう?

訳注

訳注1　メタノール変性アルコールとは、飲食用への転用を避けるためにエタノールにメタノールなどを混ぜた工業用アルコール。
訳注2　日本でも、香水など化粧品のフレグランス成分は、「香料」と表示するだけで良いと化粧品基準で定められている。
訳注3　共通の関心を持つ人々が集まり、インターネット上で情報交換や議論をする場。
訳注4　バラやジャスミンなどのエッセンシャル・オイルは、花びらを高温の水蒸気にあてて気化した成分を冷まし、そこから油分を分離させることで作られる。
訳注5　何の匂いか感知できる最低濃度。
訳注6　ヨーロッパおよび西アジア原産のシソ科の多年草。和名はメグサハッカ。
訳注7　北米原産のクスノキ科の樹木。
訳注8　内分泌攪乱物質（ホルモン様作用）については、第十章、第十一章を参照。

訳注9　生殖器官のがん。乳がん、子宮がん、卵巣がん、前立腺がんなど。
訳注10　ムスク（ジャコウ）はジャコウ鹿の睾丸ではなく、臍下にある香嚢という器官からとれる。睾丸と誤解されることも多いが、ここで睾丸としたのは、著者のユーモアと思われる。
訳注11　天然物に含まれている成分と同一の化学構造のもの。
訳注12　スイスの大手香料メーカー、ジボダンに勤務するドイツ人化学者。
訳注13　それぞれ最高音、中音、最低音の意。ノート（note）は音符の意。
訳注14　マッコウクジラの腸内にできる結石。アンバーグリス。

第四章　鼻は知っている

What noses know

何年も前に読んだ小説で、ほとんど内容は覚えていないのに、一つだけ記憶に残った場面がありました。オタクっぽい男の子が「発表会」の授業で、自分が興味を持っていることをクラスメートにプレゼンするシーンです。何かの匂いを嗅ぐということは、その何かの一部分が鼻の中に入ってくるということだ、と彼は言いました。例として、お父さんが用を足した後にトイレに入ったときの話を出したのです。クラス中が、嫌悪の悲鳴をあげました。

読んだときは、この少年が興味を持ったことが、作者（その本のあらゆることを忘れてしまったくらいですから、作者の名前もまったく覚えていませんが）の作り事だと思ったのですが、さにあらず。この作者は正しかったのです。何かの匂いを嗅ぐということは、その何かのほんの一部分が、鼻の奥に入り込むということだったのです。

では何かの匂いを嗅いだとき、鼻腔の奥で何が起きるのでしょう。その何かの一部分——匂い物質の分子——が、毛のような嗅覚受容体の先端にくっつくのです。嗅覚受容体は、鼻の一番奥の篩骨（しこつ）[訳注1]という穴だらけの骨を通って脳につながっています（私は、茶こしの網の部分からデンタルフロスのきれっぱしが何本もぶら下がっている図を想像しました）。これらの神経受容体は、匂い分子を認識するために作られたものです。匂い分子を認識すると、篩骨の穴の向こう側にシグナルを送ります。穴の向こう側には、嗅球（きゅうきゅう）という脳の組織があります。嗅球の仕事は、匂いのシグナルを集めて、情報を読み取ってもらうために脳の別の場所に送ることです。「あ、子どもの頃によく食べたケーキの匂いだ」とか、トイレに入るなり、「うわー、お父さんが大きい方をしたな」なんて、脳が認識するわけです。

この茶こしがある場所は、脳と外界との境目です。脳が外界と直接つながっているのは、体の中でこの部分だけです。ではなぜ自然は、脳を守る鎧（よろい）にこんなスキ間を残したのでしょう？　大昔は、素早く匂いを嗅ぐことが、命を守ることに直結したからです。ジャングルの暗がりにトラが潜んでいたとしたら、視覚より先に嗅覚がその存在をとらえる可能性が高いのです。だから匂い——良い匂いも悪い匂いも——に対する反応は、早いのです。匂い分子をのんびり血管に入れているヒマはありません。匂い分子のシグナルは、脳に直行するのです。トラがすぐそこにいるなら、敏感に察知し、素早く動かなければなりません。トラの放つ、ほんのかすかな匂いを嗅ぎ分けるかどうかで、生死が分かれます。外界にあるものをたった数個の分子だけで嗅ぎ分けられるほど、人間の鼻は敏感なのです。

つまり、問題なのはフレグランス製品の匂いではないということです。——鼻の奥に入ってくるフレグランス成分の分子そのものが問題なのです。たとえ嗅覚障害で匂いがわからない人でも、化学物質としてのフレグランス成分の影響は受けるのです。

たぶんトラに脅かされることはない都会の現代人にとって、こんな敏感な嗅覚は、生物学的な意味で贅沢すぎるのかもしれません。でも、私たちの生命維持にとって良いものと良くないものを区別するさまざまな身体システムの一部として進化した嗅覚は、今でも同じ働きをしてくれています。たとえば冷蔵庫に一日中入れっぱなしだった生牡蠣（なまがき）の匂いを嗅いで、食べない方が良いかどうか判断するでしょう。部屋の壁にペンキを塗っている最中に、窓を開けたらどうかと鼻が教えてくれますよね。

体調の悪い人が匂いに極度に敏感なのは、偶然ではないのです。匂いの強い花を持ち込まないように呼びかけている病院があるのは、病気の人たちがイヤがるからです。がんの化学療法を受けている人は、強い匂いを嫌います。それに、妊婦さんが匂いに異様に敏感になることは有名ですよね（妊娠検査を受ける前から妊娠したことがわかると言っていた女性がいます。よその人の香水が急に我慢できなくなるからだそうです）。

人間の嗅覚には、常に警戒モードでいられるように、絶妙な微調整の仕組みが自然に備わっています。あなたがもし一六匹も猫を飼っている家に入ったとすると、その匂いにぶっ倒れそうになりますよね。その家の住人たちは、なぜこんな匂いに耐えられるのかと、あなたは疑問を持つでしょう。でもそのうちに、住人たちにはこの匂いがわからないのだと、あなたは気づきます。一〇分もすれば、あなたもまた、匂いが気にならなくなります。――あなたの鼻が、脳に注意信号を送るのをやめるからです。この現象を嗅覚疲労と言います。

これもまた、生き残るための能力として、まだ失われずにいるものの一つです。得体のしれない何かがあなたに近づき、それがしばらくそこにとどまっていても、あなたに何の危害も加えなかったとします。それはたぶん、無害なものですね。そうなるとあなたは、周囲に何かまた新しいものが現われたとき、察知できる状態に戻らなければなりません。それがあなたに危害を加えるものかもしれませんからね。だから脳は、安全とわかった匂いをボリュームダウンして、危険かもしれない匂いを間違いなくとらえる準備をするのです。

同じフレグランス製品を嗅げば嗅ぐほど匂いがわからなくなるのは、このためなんです。自分の家の洗いたての洗濯物やシャンプーの匂いを、ほとんどの人はあまり感じないでしょう。香水をつけてしばらくすると、匂いがしなくなってきます。それで「あら、匂いが消えちゃったわ」と思い、香水をまたシュッとひと吹きするわけです。でも本当は、消えちゃったのではなくて、その人の嗅覚受容体が感知するのをやめてしまっただけなのです。香水やフレグランス製品を使う人には、ある種のブラケット・クリープ効果[訳注2]が働くのです。自分で匂いを感じようとすれば、使う量がどんどん増えていく、という現象です。

それがわかったとき、ドン・ジョヴァンニでうしろに座っていた女性を許してあげても良いような気がしました。あの人が自分勝手で鈍感なわけではなかったのです。すべては嗅覚疲労から起きた問題でした。あの人にとって、化粧室でのシュッとひと吹きは、心地よい香りが消えてしまったからだったのです。それを周りの人が、猛烈な匂いだと感じたのです。

嗅覚に関して、生物種の生き残りをかけた問題がもう一つあります。それはセックスに関わること、――別の言い方をすれば繁殖の問題です。

すべての人間は、ヒト白血球型抗原（HLA: Human Leukocyte Antigen）と呼ばれるものを作ります。これは人間の免疫システムの重要な部分です。ＨＬＡにはたくさんのバリエーションがあって、異なるＨＬＡを持つ男女の方が、同じＨＬＡを持つ男女よりも、強い免疫システムを持つ子どもを作ることができると科学的に証明されています。そして女性は無意識のうちに、男性が自分と違うＨＬＡを持つかどうかを嗅ぎ分けることができるとわかっています。女性はそのことを意識しません。ですが女性の鼻は、どの個体と交尾すれば良いかを静かに脳に伝えるのです。しかも、女性の鼻はこの情報を、最も必要なときにだけ脳に送ります。女性の嗅覚は、一カ月のうち妊娠可能な期間に、最も鋭敏になるのです。[原注1]

同じような局面で、男性の鼻も活躍します。男性の嗅球は、女性が最も妊娠しやすいときを嗅ぎ分けることができます。精子を成熟した卵子にベストショットできるタイミングを見計らうのは、適者生存という意味において実に理にかなっているわけです。[原注2]

香水メーカーは、異性をその気にさせるフェロモンを発見しました、なんて宣伝するのが大好きです。発見しようと努力するのは勝手ですが、誰も「自分だけの香り」を買う必要などないのです。私たちはすでに自分だけの香りを持っているのだと、多くの研究が示しています。

種の生き残りにとってマイナスになることの一つに、近親相姦があります。なんと鼻は、近親相姦を防止する役目も果たしているのです。信じられないでしょう。でもどうやら私たちは――匂いで――誰が兄弟、姉妹、母親、父親、子どもであるかを無意識に認識しているのです。[原注3]

精子と卵子が運命の出会いを果たし、子孫を残せば、次なる困難はその子孫の生存を守ることです。ここでもまた、鼻がお役に立ちます。群れの中の赤ちゃんヒツジは、お母さんに匂いで見つけてもらわなければ、生きていけません――ヒツジなんて、どれも同じような見た目ですからね。実は人間も、無意識に同じことをしているのです。ある研究によれば、「被験者の女性の九〇パーセントが……わずか一〇分から一時間、新生児と一緒にすごしただけで、嗅覚で自分の子どもを判別することができた」のです。一時間以上一緒にいれば、被験者の女性すべてが自分の子どもを匂いで判別できたのだそうです。[原注4]

赤ちゃんだって、自分のお母さんを匂いで識別できます。それは別に驚くようなことではありません。嗅覚という基礎的感覚器官で自分が誰に所属しているかを知ることは、母子のきずなにとって大切なことでしょう。専門家はこのように表現します。「自然に発生する匂いは、乳幼児の行動にとって媒体として重要な役割を果たす。……新生児が自分の母親に固有の匂いを識別することを学ぶ嗅覚認知は、母子の初期接触プロセスに深く関わっている可能性がある」[原注5]。また、赤ちゃんの感じる痛みについて調べた論文もあります。痛みを感じている赤ちゃんが自分のお母さんの母乳の匂いを嗅いでいると、他の子のお母さんの母乳の匂いを嗅いでいるときよりも、その痛みを苦痛に感じる度あいが低いそうです。[原注6]

毎日のように新生児と接している人たちは、親子のきずなを深めるのに匂いがどんなに大切か知っています。私の友人に、最近、キャンベラ市営病院で赤ちゃんを産んだ若いお母さんがいます。彼女とそのパートナーは看護師さんから、産前の数週間と産後の数カ月間は、フレグランス製品を使わないようにと言われたそうです。香水もオーデコロンもだめ。無香料の制汗剤とシャンプーと洗剤を使いなさい、と。看護師さんはこんな風に言ったそうです。「赤ちゃんはママとパパの匂いを覚えなきゃならないからね」。

赤ちゃんがママとパパの匂いを覚えられなかったら、どうなってしまうのでしょうね。赤ちゃんの鼻に入ってくるものがすべてフレグランス製品の匂いだったとしたら、ママとパパをどうやって認識するのでしょう。そこが自分の居場所と思って、心から安心できるのでしょうか。ここは科学者が簡単に数字で表わせない問題です。でも、とても大事なことですよね。ママとパパの匂いが人工的な香りにかき消されてしまったとしたら、赤ちゃんはどうやってそこが自分の居場所だと認識するのでしょう?

この疑問を持った途端、私は前章の問題へと引き戻されました。フレグランス製品には一体何が入っているのか、という大問題です。

訳注

訳注1　鼻腔の天井の骨。そのすぐ上に前頭蓋窩（大脳の前頭葉）がある。

訳注2　ブラケット・クリープは、本来は経済学用語。知らない間にじわじわと段階が上がるという元の意味から、ここでは嗅覚疲労で香水の使用量が増えることのたとえとして使われている。

第五章　ラベルに隠されたものは

Behind the label

正攻法で行くと、フレグランス製品を作っている人以外、誰もその中身を知ることはできません。でも幸いなことに、化学の世界には物質の成分を分析する機械があります。マトリックス固相分散法[訳注1]やガスクロマトグラフィー質量分析法[訳注2]でフレグランス製品の成分を調べることができるのです。こうした方法を使えば、製品ラベルの「パルファム」という言葉で厳重に閉ざされた扉を開き、製品の中身を知ることができます。

メルボルン大学土木工学部教授アン・スタインマンは、「シック・ビルディング症候群」を研究していて、「パルファム」の扉を開けようと思った人です。シック・ビルディングってご存じですか？　一九七〇年代から、冷暖房費を削減するために、ビル——殊にオフィスビル——の気密性が高められました。それは良いことだったのでしょうが、思わぬ不思議な結果を招いてしまいました。オフィスビルで働いていて具合が悪くなる人が出てきたのです。シック・ビルディングと言っても、ビルが病気なわけではありません。病気なのは人間です。偏頭痛やぜんそくなど、重篤な症状を訴える人もいましたが、ほとんどの人はいつも疲れているとか、何となくずっと調子が悪いといった症状でした。その人たちは、仕事に集中できず、決断力も鈍りました。

これでは生産性が落ちてしまいます。そこで科学者とエンジニアが調査を依頼されました。そして、こうした機密性の高いビルには、揮発性有機化合物（VOC: volatile organic compounds）と呼ばれるものが蓄積されていくことがわかりました。科学者とエンジニアのグループは、このＶＯＣがシック・ビルディングの症状に関係していると考えたのです（ＶＯＣに揮発性という言葉がついているのは、蒸発しやすく、空気中に漂いやすいからです。有機といっても、クリーンでグリーンなわけではなく、炭素を含む化合物のことを科学者の皆さんは有機物と呼ぶのです）。

オフィスにあるたくさんのアイテムから、ＶＯＣが揮発していました。特に、人工的に合成されたものが発生源でした。カーペット、合成のり、コピー機、塗料、プラスチック類などです。オフィスで働く人たちが使っている、あらゆるパーソナルケア製品、洗剤類、芳香剤、ポプリ、フレグランス・ディフューザーからも、ＶＯＣが揮発していたのですが、それが重大な発生源だとわかるのに、少し時間がかかりました。気密性が高いビルの中で、ＶＯＣはエアコンが作り出す空気の無限ループに乗って、循環し続けていました。昔の建物のように窓を開けて外の新鮮な空気を入れれば、ＶＯＣ濃度も薄くなったでしょうけど。

その後、アメリカのカリフォルニア州が行なった研究で、ビルの中でフレグランス製品を使うとＶＯＣが濃縮され、健康を守るための政府ガイドラインを超えてしまうことがわかりました。[原注1] そこでスタインマン教授は、フレグランス成分もオフィスで働く人たちの具合の悪くなった原因の一つではないかと考え、フレグランス製品の中にどんなＶＯＣがどのくらいの濃度で含まれているのかを正確に知りたいと思ったのです。

二〇〇九年、スタインマン教授――そのときはワシントン大学にいました――とその研究チームは、フレグランス成分が配合された二五種類の家庭用品をサンプルとして選び出し、ガスクロマトグラフで分析しました。このとき調べたのは、揮発性有機化合物だけでした。――「半揮発性有機化合物（SVOC: semi volatile organic compounds）」[訳注3]というのもあって、この中に合成ムスクも含まれるのですが、この分析ではそこまでカバーされませんでした。「高級フレグランス」、つまり香水もサンプルに入りませんでした。分析の結果、一三三種類のＶＯＣがサンプル製品から検出されました。サンプルになったすべての製品から、六～二〇種類のＶＯＣが検出されました。最も多くの製品（サンプル製品の九二パーセント）から検出されたのはリモネンでした。二番目（八四パーセント）はα‐ピネン、三番目（八〇パーセント）はβ‐ピネンでした。[原注2]

この三つの化合物は分子構造が似通っていて、いずれもテルペンと呼ばれるグループに属しています。テルペンは良い香りのものが多く、目や肺の刺激症状を引き起こす恐れはあるものの、深刻な健康被害をもたらすものではありません。ところが、とても残念な性質を持ちあわせています。――空気に触れると、化学変化を起こしてホルムアルデヒドになるのです。ホルムアルデヒドは、アメリカの国家毒性プログラムで「ヒト発がん性因子であることが知られている」に分類されています。[原注3] もう一つの発がん性物質アセトアルデヒドは、サンプル製品の約三分の一から検出されました。また、いくつかの製品からは、1，4-ジオキサンとジクロロメタンが検出されました。この二つも発がん性物質です。[原注4]

この研究で最も多く検出された化学物質の中に、がん以外の健康被害を引き起こすものもありました。目の充血、目の痛み、目が焼けつくような感覚、皮膚の渇き、皮膚刺激、皮膚アレルギー、咳、頭痛、疲労といったものです。[原注5] サンプル製品から検出された一三三種類のVOCのうち、二四種類はアメリカ連邦法で有毒（toxic）または有害（hazardous）に分類されています。サンプル製品すべてから、この二四種類のうち最低一種類が検出されました。[原注6]

働く人たちがみんな職場で元気がなくなってしまったのも、うなずけますね。

スタインマン教授は、五年後にもう一度調査をしました。前回と違うフレグランス製品をサンプルにして、同様の分析を行なったのです。今回は、「グリーン」だと宣伝している製品――「エコ」とか「オーガニック」とか「ナチュラル」という宣伝文句がラベルに書いてあるもの――も入れました。「無香料」と書いてあるものもサンプルに入れました。

前回とは製品サンプルが違うので、VOCのラインナップも違うものになりました。そして、VOCの種類は前回より増えました。三七種類のサンプルすべてから、一五六種類のVOCが検出されたのです。そのうち四二種類のVOCはアメリカ連邦法で有害または有毒と分類されているもので、すべてのサンプルから最低一種類が検出されました。製品サンプルの半数から、発がん性物質――ホルムアルデヒド、1，4－ジオキサン、ジクロロメタン――が一種類以上検出されました。[原注7]

分析の結果、通常の製品と「グリーン」な製品との間に、大きな差はないことがわかりました。ただ、「無香料」の製品は通常の製品とは大きく違いました。――ホルムアルデヒドになるテルペンが含有されていなかったのです。

さて、エンジニアの出してきた「シック・ビルディング症候群」の解決策はというと、室内のVOC濃度を低くするためにエアコンが新鮮な外気をきちんと取り入れる、でした。冷暖房効率を高めるためだからと、ビルの内部で働く人間のニーズに反することがないように、という規定が導入されました。

オフィスビルのオーナーや雇用者には、この問題を解明し、解決する手段がありました。脳内に霧がかかった労働者では、ビジネスに支障がありますから、調査した甲斐があったというものです。分析は終わり、犯人が見つかって、解決へと動きました。ところが残念ながら、私たちのようにガスクロマトグラフなどの分析機器を持っていない個人にとっては、問題はそう簡単にいきません。私たちには、自分の使うフェイスクリームや芳香剤に何が入っているか、知る方法がありませんよね。つまり使い続けるかどうかを決めるのに、十分な情報を与えられていないのです。オフィスで働く人たちと違って、私たちはメーカーの勝手な選択で製品に入れられた成分にさらされ続けるのです。

アン・スタインマンの分析結果を見て、私はドラッグストアで写真に撮った香水ラベルの成分のことを思い出しました。もちろん「パルファム」という言葉のうしろにすべてのフレグランス成分が隠されていたことも気にはなりますけど、このとき頭に浮かんだのは、名前の記された一六種類の成分の方です。

一つは、ちょっとお高めのお水。あと一五種類。そのうち六種類は、皮膚、目、気道に刺激症状を引き起こすことがわかりました。変性アルコール（メチルアルコールを加えたエチルアルコール）[原注8]、それからブチルフェニルメチルプロパナール[原注9]、ヒドロキシシトロネラール[原注10]、ゲラニオール[原注11]、安息香酸ベンジル[原注12]、リモネンです。

一五種類中一〇種類は、EU消費者安全科学委員会のフレグランス・アレルゲンのリストに入っていて、規制されています。それらの物質がリストに載っている理由は、それらがもたらす健康被害（主に皮膚アレルギー）に議論の余地がないからです。リストには二六種類の化学物質が載っています。つまり私が写真を撮った香水には、EUのフレグランス・アレルゲンの三分の一以上が使われていたということです（この規制は、リストにある物質を消費者製品に入れることを禁じるものではありません。ただ、ラベルに物質名を記載することを求め、含有濃度を定めているだけです）。この香水に含まれるEU規制物質は、サリチル酸ベンジル、α-イソメチルイオノン、ヒドロキシシトロネラール、アミルケイヒアルデヒド、シトロネロール、ゲラニオール、クマリン、リナロール、安息香酸ベンジル、リモネンです[原注13]。

また九種類は、フレグランス業界が自主規制する化学物質リストに載っています（EUのリストとかぶっていないものもあります）。リストに載っている理由は、健康への悪影響――やっぱりほとんどが皮膚アレルギー――です。でもEUの規制リストと同じように、フレグランス業界の自主規制も、それらの化学物質をフレグランス製品に入れてはいけないということではありません。――ただ、濃度を規制するだけです。この背後には、一つの製品の中にほんの少し入っているだけなら、害はないだろうという考え方があります。私が写真に撮った香水の成分で、業界が自主規制している物質は、サリチル酸ベンジル、ブチルフェニルメチルプロパナール、α-イソメチルイオノン、ヒドロキシシトロネラール、アミルケイヒアルデヒド、シトロネロール、ゲラニオール、クマリン、安息香酸ベンジルです[原注14]。

この香水の成分のうち三つは、フレグランス・ミックスIに入っています。フレグランス・ミックスIは、皮膚科医が接触性皮膚炎の検査に使用する八物質を混ぜたものです。つまり、それらの物質が接触性皮膚炎や湿疹を引き起こすことは、よく知られている、ということです、三つとは、ヒドロキシシトロネラール、アミルケイヒアルデヒド、ゲラニオールです。[原注15]

この香水のラベルには、内分泌撹乱物質も三つ記載されていました。[訳注4] この三つの物質の化学構造は、生物の体内に入ると、その生物が自分で作り出したエストロゲン（女性ホルモン）だと勘違いしてしまうのです。男女ともに、エストロゲンは多すぎても少なすぎても、体の中で奇妙な悪さをすることがあります。この香水の中の内分泌撹乱物質は、メトキシケイヒ酸エチルヘキシル、[原注16] サリチル酸ベンジル、安息香酸ベンジルです。[原注17]

ただ一つ、M74139という成分が謎でした。——これについては、何もわかりませんでした。着色料なのかもしれません。

要するに、この香水に表示されていた一六種類の成分のうち、三種類を除くすべての物質が健康に悪いとわかっているということです。三種類とは、紫外線吸収剤のジエチルアミノヒドロキシベンゾイル安息香酸ヘキシル、[原注18] 謎のM74139、そしてお馴染みアクアです。

写真を撮った香水の成分を調べ終わる頃までに、私の頭には疑念がわき始めていました。皆さんもそうじゃないですか？　消費者はこういうものを、毎日のように買って使っています。ところがパッケージには何の警告文もないのです。私の思い違いじゃないですよね？　フレグランス製品は、私たちの健康にめっぽう悪いものなのに、どうしてどこのスーパーマーケットでも手に入るんでしょう？

訳注

訳注1　固体の成分分析に用いる手法。

訳注2　気化しやすい化合物の成分分析に用いる手法。

訳注3　ＷＨＯ（世界保健機関）の分類では、沸点五〇℃～二六〇℃がＶＯＣで、二六〇℃～四〇〇℃がＳＶＯＣ。

訳注4　内分泌攪乱物質については、第十章、第十一章参照。

第六章　誰がテストしているの？

Who's testing fragrance?

私は常々、市場に出回っている商品はみんな安全性テストずみなのだと思っていました。コカコーラにコカインが、レイディトール（インポテンツが治るとされたドリンク剤）[訳注1]に致死量のラジウムが入っていたのは、遠い昔のことだと。

今、消費者は政府に守られています。オーストラリアで消費者の安全を守っているのは、公正取引委員会（ACCC: Australian Competition and Consumer Committee）です。ACCCはフレグランス製品を化粧品に分類して、法律で取り締まっています。フレグランス製品の成分は「通常の視力を持つ人が製品またはその容器に書かれた成分表をすべて、間違いなく、無理なく、簡単に読めるように」「読みやすく、はっきりと、目立つように表示」しなければなりません。[原注1] だから、あなたがお使いのシャンプーの容器の裏にも、はっきりと読みやすい表示があるでしょう。[訳注2]

素晴らしい法律に万歳三唱！　ところがどっこい、法律には抜け穴がつきものです。しかも成分表示に関する法律の抜け穴は、企業秘密の保護のためにあるのです。フレグランス製品のメーカーは、製品の中の「パルファム」の部分に何が入っているか消費者に教えるように法律で求められていません。

企業秘密の保護の根拠は、製造者――フレグランス製品だけではなくあらゆる種類の製品の――は、他社と違ったユニークな製品を作るために研究開発に多額の資金を使っているから、ということです。別の製造者にマネでもされたら、オリジナルの製品の製造者が損害を被る、というわけです（実際、フレグランスの世界では、コピー商品の販売はままあることなのです。ガスクロマトグラフを使えば、競争相手の企業の香水に何が入っているか、わかってしまうので。だから私たちは、高価な香水の模造品を安く買うことができるのですね。何のことはない、企業秘密の保護は、消費者の知る権利の妨げになっているだけで、フレグランス業界で人気香水のコピー防止には役立ってはいないわけです）。

ともかく、ラベルはACCCが求めることしか書いていないのです。ところで、私が知りたかったのは、フレグランス製品の安全性をテストしている人がいるのかどうかでしたね。

オーストラリアには国家工業化学品届出審査機構（NICNAS: National Industrial Chemicals Notification and Assessment Scheme）という機関があります。消費者が購入する製品が安全かどうかをチェックするところです。私は純朴な国民ですから、わがオーストラリアは国民を手厚く保護していると信じていました。ですからこの組織のことを知ってすぐさま、キャンベラのどこかの研究所で白衣に身を包んだ大勢の研究員が試験管をのぞき込んでいるような安心イメージをありありと思い浮かべてしまったのです。

でもちょっと調べてみたら、そんなイメージは吹っ飛びました。白衣の研究員もいなければ、試験管もない。――NICNASは、実際にテストをする施設など持っていないのです。では何をするのかというと、オーストラリア国内で使用される工業用化学物質の「登録」をする機関なのです。登録されている化学物質は、およそ四万です。NICNASは、登録された化学物質を「評価」することもあります。「評価」とは、その化学物質に対してすでに行なわれたテスト結果を見ることです。その情報をもとに、NICNASはその化学物質が安全か安全でないかを決めます。登録された四万の化学物質のうち、NICNASが評価したのはおよそ三〇〇〇です。[原注2][訳注3]

評価は、その化学物質に関するすべての情報を集めることで行なわれます。情報はさまざまなところから集められ、言ってみれば玉石混淆（ぎょくせきこんこう）です。その化学物質を製造する人たちからの情報もあります。――有害化学物質を製造・輸入する企業は、安全情報の書かれた安全データ・シートを作成しなければならないのです。[訳注4] でもこの安全データ・シートは、全面開示されるとは限りません。もう一つ、国際化学物質安全カード（ICSC: International Chemicals Safety Cards）からの情報もあります。これはＷＨＯが発行するものです。――もっともこの二つは消費者ではなく、その物質に大量に暴露する恐れのある労働者を守るためのものです。

ＥＵ消費者安全科学委員会は、いくつかのフレグランス成分の安全性テストをして、公表しています。アメリカ国家毒性プログラムも、同じようなことをしています。政府や企業とつながりのない大学の研究グループが、どこかから資金提供された場合、フレグランス成分をテストすることもあります。

そして、フレグランス成分の大きな情報源の一つは、ＩＦＲＡ――つまり、フレグランス製品を作って売っている人たちが出資した安全性テストです。このＩＦＲＡ出資のテストが唯一のテストで、ＮＩＣＮＡＳが評価する唯一の情報源となっているというフレグランス成分は、かなりの数にのぼるようです。

さらにひどいことには、まったく何のデータもないフレグランス成分もあるのです。どんなに高い志があっても、ＮＩＣＮＡＳはそれらの安全性を評価できないのです。ＮＩＣＮＡＳにできるのは、安全性データのない物質が存在することを国民に知らせるだけです。ＮＩＣＮＡＳはホームページに、一九の「データが不足しているフレグランス成分」をリストにして公表しています。ＮＩＣＮＡＳは、これらの物質について、安全とも危険とも言えません。これらの物質が生物、殊に人間に対してどんな影響を及ぼすかは、未知なのです。そしてこれらの物質のどれほどの量がオーストラリアに輸入されているか、誰にもわかりません。私たちがそれらの成分にどれだけ暴露する恐れがあるか、わからないということです。そしてもちろん、フレグランス製品のメーカー以外は、どの製品にそれらの物質が入っているかもわかりません。[原注3]

こうした制約の中で、ＮＩＣＮＡＳは今お話したような情報源を参考に、それらの物質の使用方法について、できる限り最良の規制をします。たとえば、シャンプーが目に入らないように注意してくださいとラベルに書くように指示するかもしれません。あるいは、製品の中にフレグランス成分をどれくらい入れても良いかについて規制することもあるでしょう。ただ、使用が禁止されている物質はわずかです。危険性が十分わかっている物質でも、禁止は最後の手段なのです。

ホルムアルデヒドを例にとってみます。ホルムアルデヒドは、多くの化粧品から揮発する物質です。NICNASはホルムアルデヒドを評価したことがあります。ACCCの調査文書はその評価を引用し、「化粧品を使用することによるホルムアルデヒドへの暴露は有害であることがわかっており、……ホルムアルデヒドのリスク判定の結果、重大な健康被害は、感覚刺激[訳注5]、皮膚感作、発がん性である」と言っています[原注4]。アメリカ国家毒性プログラムは、ホルムアルデヒドを「ヒト発がん性因子であることが知られている」に分類しています[原注5]。

でもNICNASはホルムアルデヒドを禁止していません（アメリカでも禁止されていません[訳注6]）。化粧品について安全と思われる濃度を定めているだけです。「ホルムアルデヒド含有という警告文をラベルに記さない場合は、ほとんどの化粧品が〇・〇五パーセントを超える遊離ホルムアルデヒドを含有してはならない[訳注7]」のだそうです。警告文がラベルに書かれている場合は、最高〇・二パーセント（ネイル・ハードナー[訳注8]には最高五パーセント）を含有しても良いのです[原注6]。ホルムアルデヒドが健康に有害だとたまたま知っていた消費者はラベルを注意して見て、その製品を選ばないかもしれませんが、知識の乏しい人は、ホルムアルデヒドを含有していることが、良いことなのか悪いことなのかもわからないのではないでしょうか。

NICNASのホームページには、化学物質の評価を申請するための書式が掲載されています。もし私が、フレグランス製品の中の成分で頭痛が起きると思い、NICNASに調査を依頼したいと望めば、理論的には申請が可能です。ところが、容器に書かれた「パルファム」の文字が、まず私の前に立ちはだかります。NICNASに評価してほしい物質名を伝えなければならないので、どこかの化学者のところにそのフレグランス製品を持っていって、ガスクロマトグラフにかけてもらわなければならないのです。そうしないと、ラベルに成分名が書いてある物質以外の、「パルファム」の中の物質名がわからないからです。「パルファム」の中には、百種類を超える化学物質が入っている可能性があります。その上に私は、自分でその一つ一つを別々にテストして、どの物質が頭痛の原因かを特定しなければならないのです（その一つ一つを組みあわせたものもテストするのが理想です。個々の物質がオーケーでも、お互いに反応してダメな物質に変化しているかもしれないからです）。

さて、やっと頭痛を起こす物質が一つ判明したとして、NICNASは評価してくれるでしょうが、その化学物質を含有している製品を作っている人や売っている人たちが提供する情報も参考にされてしまうのです。そしてもしNICNASがその成分を安全と評価してしまえば、その人たちはNICNASのお墨付きをもらったと宣伝できるし、その評価結果を守るためにもっともっと安全サイドのデータを提出してくるかもしれません。メーカーは、頭痛持ちの小説家なんぞより、さぞかしたくさんの情報を持っていることでしょう。

アメリカでは、国家毒性プログラムがフレグランス製品をテストすることがあります。その結果はオンラインで発表され、危険な物質のリストは更新され続けています。でも、その情報をもとに規制するかどうか決めるのは別の機関です。そしてその機関——食品医薬品局（FDA: Food and Drug Administration）——の権限は、限られています。FDAはそのことをホームページで以下のように説明しています。

化粧品とその成分（着色料を除く）が市場に出回る前にFDAの承認を得ることを、法律は求めていない。……法律およびFDAの規制は、個々の製品やその成分の安全性を証明する検査を行なうよう求めていない。また、化粧品会社に対し、安全性に関する情報をFDAと共有するように、法律で求めてもいない。……特定の製品や成分が意図されたとおりに使用された場合に有害性があると証明する責務は、FDAに課せられている。[原注7]

つまり、新しい化学物質が市場に出回るのに、事前に安全性をテストする必要がないのです。人体に有害かもしれないと疑いが持たれる物質であっても、メーカーは安全性を証明しなくて良いのです。リスクを証明するのは、FDAの仕事なのです。そしてリスクを証明できたとしても、FDAがその物質を規制するためには、いくつものハードルを越えなければなりません。では化学物質が規制されるには、どれくらい「有害」でなくてはならないのでしょう?　「意図されたとおりに使用」するとは、どういう意味なのでしょう?　そして、使用が意図されたとおりかどうか判断するのは誰なのでしょう?　実際の使用が意図されたとおりの使用と異なった場合、FDAに何ができるのでしょう?

大西洋の反対側では、EU消費者安全科学委員会がフレグランス成分をテストすることがあります。でもアメリカと同じように、科学者が出した結論が必ずしも規制に結びつくわけではありません。ここでも、行政の力は限られています。EUはこの上もなくがんばっているんです。——先にお話したとおり、EUは二六種類のフレグランス成分を規制しています。でも今まで見てきたように、その物質はフレグランス製品に入っています。ラベルに含有している旨が記載されていて、規定の濃度以内ならば含有していても良いのです。さらに、ＥＵの科学者が「ヒトにおいて接触性皮膚炎アレルゲンとなることが立証されている」と宣言している五六のフレグランス成分については、まったく規制できないのです。[原注8]

皮膚アレルギーを引き起こす物質は、規制の対象となりやすいものです。症状がその物質の暴露と、簡単に、間違いなく、結びつくからです。その他の健康被害は、こう簡単にはいきません。だから、フレグランス成分はさまざまな健康被害を引き起こすというのに、ＥＵが規制する二六種類の物質、そしてＥＵの科学者たちが規制したがっている五六種類の物質は、すべて皮膚感作物質なのです。

フレグランス業界が、規制のレベルをほんの少しでも緩くさせようと圧力をかけてくるのは、想像に難くありません。ＥＵは皮肉ともとれる次のようなコメントをしています。「化粧品に使用される個々の物質に対する細かい規制を実施することは、非常に複雑で、資源集約的で、しかも困難であるとわかった」[原注9]。

一九五九年に特許がとられた合成ムスクにまつわるエピソードは、消費者保護の限界を示す貴重な教訓です。その合成ムスクは、アセチルエチルテトラメチルテトラリン、またはＡＥＴＴ、商品名をヴェルサリドと言います。[原注10] 初期の合成ムスクに発がん性があったので、その代替物質として開発されました。ヴェルサリドは素晴らしい発明でした。強く、心地よいムスクの香りを持ちながら、光に当てても変色しないし、とても安く製造できました。ヴェルサリドは一九五九年からあらゆるフレグランス製品に大量に使用され、特に洗濯用洗剤に盛んに入れられました。

市場に出て約二〇年後の一九七八年、ヴェルサリドはテストされました。おそらく、はじめてだっただろうと思います。ヴェルサリドに暴露したラットは、急激に重大な影響を受けました。皮膚と目は青く変色し、行動はおかしくなりました。――異常な動きと過剰興奮を示し、神経系にダメージがあることがわかりました。解剖の結果、「目を見張るほどのミエリン内の気泡の発生」[訳注9]などを含む「中枢神経・末梢神経を通じた構造的損傷」が見られたのです。[原注11]

しばらくして、ヴェルサリドはもう一度テストされました。そして、極めて少量でもラットの中枢神経——脳と脊髄——にダメージを与える明らかな兆候が現われたのです。解剖の結果、「消化管に緑色の物質が形成されており、中枢神経系を含むほとんどの組織は青緑または灰色に着色されていた」ことがわかりました。[原注12]一九八二年、IFRAはすべてのフレグランス製品にヴェルサリドを使用することを禁止しました。

さらにテストが行なわれ、ヴェルサリドが脳にどのようなダメージを与えるのかが正確にわかりました。変性ミエリン鞘（しょう）（ミエリン鞘は神経細胞を鞘（さや）のように取り囲む層のこと）の原因になるとわかったのです。[原注13]変性ミエリン鞘は、深刻な健康被害です。多発性硬化症が典型的な症状です（偶然にも、多発性硬化症はここ数十年で頻繁に耳にするようになりました。二〇一〇年のレビュー論文に「ここ数年、多発性硬化症の有病率と罹患率の増加[訳注10]は世界的な傾向であり……一般に……女性の発病が多く見られる。女性に多いという観察結果を踏まえれば、女性のライフスタイルの変化に注目した疫学的研究が行なわれるべきである」とありました）。[原注14]

一九五九年から一九八一年までの二十数年間に、どれほどの人がヴェルサリドに暴露したのかを知ることは不可能ですし、ヴェルサリドによってどれほどの人が健康被害を受けたのかを知ることも不可能です。洗濯用洗剤や石けんのメーカーに、自社のどの製品にヴェルサリドを使っていたか公表させたところで、その当時、どのブランドの洗剤を買っていたかなんて、覚えている人がいるでしょうか？

それでもヴェルサリドは、たまたまとはいえ結局テストを受けたわけですから、私たちはラッキーです。もしテストを受けていなければ、未だに洗剤の中に入れられて、私たちのシーツを良い香りにし続け、私たちのミエリン鞘にダメージを与え続けていたでしょうから。でも、その他の物質はどうなのでしょうか？

たとえば、今、ヴェルサリドの代わりに使われている物質とか？　心配なのは、これまでに使われてきた物質だけではありません。新しく開発される物質も、市場に出る前にテストされたりしないのです。多くは、未来永劫、テストされないのです。それなのに、私たちが毎日使う製品の中に入れられているのです。――そして私たちには、どんな製品にどんな物質が入れられているかを知る方法がないのです。

近頃の政府の安全規制は、やりすぎのような気がします。子どもたちの遊び場は今、安全すぎてつまらなくなりました。こんなところで遊びたい子がいるのかしらと思うほどです。私の義理の妹は平飼いの養鶏をやっていますが、保健省の認可がなければ卵を売ることができません。それなのに、他のこと――私たちの安全に関わるようなこと――については、奇妙なほど規制がないのです。私たちは毎日、フレグランス製品の強い成分にさらされています。ほとんどテストもされず、ほとんど規制もされず、多くの場合、ラベルに物質名さえ書かれていません。フレグランス成分に関しては、私たち消費者はまったくほったらかしにされているのです。

それはあまりに奇妙なことだし、あまりに筋が通らないので、自分が探し出した情報を本当なのかしらといぶかしく思いました。フレグランス成分を表示させたり、企業が提出したデータを書類の上で評価したりするだけでなく、安全性を確認する専門家が絶対にいるはずだ、いないのはおかしい、と。そう、そういう専門家がいることはいるんです。ただ問題なのは、それがフレグランス成分を作った人たち自身だということなんです。

訳注

訳注1　アメリカで一九一八〜一九二八年に製造された、三万七〇〇〇ベクレルものラジウムを含有する健康ドリンク剤。

訳注2　日本の成分表示に関する法律は、化粧品（香水・シャンプーなどを含む）が厚生労働省、家庭用品（洗剤・柔軟仕上げ剤など）が経済産業省と消費者庁の所管。

訳注3　日本の場合、新規に製造・輸入する化学物質に関しては国への届出制度があり、経済産業省が審査することになっている。既存化学物質（約二万物質）については経済産業省が評価することになっている（二〇一〇年改正化審法施行後より）。

訳注4　日本にも、詳細は異なるが同様の制度がある。

訳注5　皮膚などがヒリヒリすること。

訳注6　日本では、すべての化粧品に配合が禁止されているが、行政の抜き取り検査で国産・輸入品ともに検出されることがある。

訳注7　遊離とは、他の化学物質との結合がないこと。

訳注8　割れやすい爪などに塗るコーティング剤。

訳注9　ミエリン鞘の構成成分。

訳注10　有病率はすでにその疾患を持っている人の割合で、罹患率は新しい患者が発生した割合。

第七章　フレグランスを守るため

In defence of fragrance

一九七三年、世界中の香料メーカーが集まって、国際香粧品香料協会（IFRA: International Fragrance Association）を作りました。設立理由の一つは、消費者が毎日使うフレグランス製品について疑問を抱き始めたからでした。ホームページにはこう書いてあります。「（ＩＦＲＡは）消費者ニーズを理解する感覚を育て、消費者の満足に対する責任の感覚を求めます。私たちの幸福の感覚を高め、繁栄の感覚を強めるために[訳注1]」。成分リストは、「私たちが透明性を向上させようという意欲を持ち続けるために」公表していると言っています。[原注1]

ＩＦＲＡは加盟企業の規制官という特権的地位にあり、それがもう一つの存在理由です。世界中のフレグランス産業を監督しているのは、実質、フレグランス業界自身だけです。ホームページで自ら言っているように、「ＩＦＲＡスタンダードは、独立専門家パネルによって行なわれたリスク・アセスメントをもとにした、本業界の自主規制システム……の基礎を形成している」のだそうです。[原注2]

その専門家パネルは、ＩＦＲＡが出資する研究機関、香粧品香料原料安全性研究所（RIFM: Research Institute for Fragrance Materials）と共同で作業します。ＲＩＦＭは（公表されている論文の「利益相反」の欄で）、自分たちを「フレグランス成分およびフレグランス成分を含有する製品を製造する事業者によってサポートされる独立の調査研究機関」と言っています。主な業務は、フレグランス成分のテストです。彼らの研究論文は、査読のある学術雑誌に公表されることもあります。

ＩＦＲＡが公表している情報の多くが、健康被害の原因となり得るフレグランス成分があることを示しています。ＩＦＲＡ自身が行なった研究には、業界のヒモのついていない研究グループが行なった研究と同じように、アレルギー感作の原因となるフレグランス成分があることが示されています。ＩＦＲＡは、発がん性のあるフレグランス成分が存在することも研究で確認しています。[原注3]その他の深刻な健康被害の原因となり得るフレグランス成分があることも、他ならぬＩＦＲＡの研究が示しています。

　要するに業界は、フレグランス成分の中に問題を起こすかもしれない物質があると認識しているのです。それでも、メーカーはそうした物質を使うのをやめるわけにはいきません。もし使うのをやめれば、メーカーのフレグランス・パレットはとんでもなく小さなものになってしまうからです。それではビジネスに差し障るというわけです。消費者というものは、さまざまな成分が入り混じった、何とも言えない複雑な香りを好むのですから。それに消費者は、常に新しいフレグランス製品が登場することを待ち望んでいます。何百種類もの成分が突然、使用禁止になれば、業界は大打撃を被るに違いありません。

　もっとも使用禁止になったところで、どのみち危険なフレグランス成分は使われ続けることになるでしょう。たとえＩＦＲＡに加盟しているすべての企業が健康に悪い成分の使用をやめたとしても、やっぱりその成分を使った製品は市場に残ることになります。フレグランス製品メーカーのすべてがＩＦＲＡに加盟して、その自主規制に制約されているというわけではないからです。それに競争の激しい業界ですから、加盟企業だって自主ルールを破って除名になるリスクを冒した方が得だとそろばんをはじくかもしれません。

　そして消費者の方も、そんなことどうでも良いと思っているフシがあります。なにしろ香水ファンの多くは、お気に入りの香水に発がん性物質というバグが潜んでいても、ぜんぜん気にしないようなのですから。昔の最高級香水、たとえばシャネル№５のオリジナルは、今では使用禁止になっている物質を含んでいました。[原注4]メーカーはその後、問題成分をやめて、代わりの物質で作り直しました。ところがインターネットは、オリジナル商品のビンテージボトルを求めるファンであふれかえっています。新しいバージョンは、オリジナルほど良くないと、その人たちは思っているのです。オリジナルがどうして作り変えられたか、その理由はもちろん知っているのです。それでもオリジナルを手に入れるチャンスを狙っています。ある香水ファンは、オリジナルに発がん性のある合成ムスクが入っていることを承知で、自分の考えをこんな風にネット上に書き込んでいます。

私がビンテージ香水を集めていると聞いて、よく皆さんこうお尋ねになります。『昔の香水を本当に使うんですか?』あら、もちろんですよ!……私もちょっとアレルギー反応を起こしたことがありますけど、そんなことくらいではやめられません。合成ムスクなどの成分について警告文も読んだことがありますよ。……何十年も前に姿を消した香りが蘇るのを体験できるなら、それくらいのリスクを冒す価値はあるんですよ、とお答えするんです。[原注5]

だからフレグランス業界は、相反する二つの事実の折衷案を考えなければなりません。二つの事実とは、成分の中に健康被害を及ぼすものがある、そして、それでも使わないのは不可能、ということです。

ＩＦＲＡはこのジレンマを解消するために、たくさんのお金と時間と労力をかけてきました。そして、定量的リスク評価(ＱＲＡ:Quantitative Risk Assessment)と呼ばれる妥協案を採用しようと思いついたのです。[訳注2]これは、化学物質が厳密にどのくらいの量で健康に害を及ぼすかを知るための科学的研究の標準的な手法です。——要するに、病気一歩手前になるまでに、どれくらい暴露できるか、ということです。この手の評価方法は、危険な化学物質でも安全な暴露量がある、という前提にもとづいています。この前提は、広く受け入れられているんです。化学者の方々は、一六世紀の医師パラケルススの「その服用量こそが毒であるか、そうでないかを決める」という言葉を、よく引用します。——つまり、どんなに毒性が強い物質でも安全な暴露量がある、ということです。定量的リスク評価のお仕事は、その安全な量を決めることです。

まず実験動物をグループ分けし、それぞれのグループに違う量の化学物質を与えます。最大量を与えられたグループには、おそらく健康被害が現われます。最悪の場合は死んでしまうかもしれません。まったく影響が現われないと予想される最低量を、別のグループに与えます。その二つの間のどこかに、その実験動物をギリギリ病気にしない量があります。これを無有害作用量（NOAEL: No Observed Adverse Effects Level）といいます。これはその実験動物の最大安全量です。[原注6]（RIFMは、さまざまな種類の動物で実験します。同じ化学物質でも、動物によって反応が違うからです。ラット、マウス、ハムスター、ウサギなどがよく使われます）。

RIFMは、さまざまな健康リスクについてフレグランス成分の定量的リスク評価を行ないます。フレグランス成分が皮膚アレルギーを起こすかどうか、というテストもあります。どのくらい毒性があるかを調べるテストもあります。発がん性テストは二年もかかるので、めったに行なわれません。

それらの結果をもとにして、RIFMの化学者たちは人間のNOAELを計算します。IFRAのホームページは、動物への影響から人間への影響をどのように予測するのかを詳しく説明していません。IFRAの会員にしか、その情報は公開していないのです。残念なことに、動物から人間への結果の応用は、科学者の間でも賛否の分かれていることなのです。だからせめて、どうやってその数値になったかがわかれば、妥当性の判断に役立つでしょうに。

でもIFRAは、自ら宣言している透明性の精神にのっとって、テストの結果、人間に対して重大な健康リスクがあるとわかったフレグランス成分を二つのリストにしてホームページ上で公開しています。一つはIFRAが使用を規制している物質、もう一つはIFRAが使用を禁止している物質です。[原注7]

「禁止」フレグランス成分は、かつて使用されていて、今は非常に危険と判断されたものです。IFRAの自主規制では、それらの成分はどんな製品にも、どんな濃度でも、使用してはいけないとなっています。

そのリストに載っている成分は、七六物質です。

「規制」成分は、健康被害の原因となることがわかっているものですが、規定の濃度以内なら使用は許されています。一〇五物質がリストに載っています。

両方のリストを足すと、一八一物質が何らかの制約を受けていることになります。フレグランス成分の総数——ＩＦＲＡによれば二九四七物質——に対し、六パーセント強です。

どちらのカテゴリーについても、健康影響——ＩＦＲＡは「臨界効果（critical effect）」[訳注3]と表現しています——が特定されています。リストにあるほとんどの成分の臨界効果は、アレルギー感作です。つまり皮膚アレルギーを引き起こすのです。あとは、光毒性（ひかりどくせい）——光があたると皮膚にダメージ[訳注4]を与えるというもの——です。規制されている物質のうち四物質[訳注5]は、「ニトロソアミン形成の可能性」があるとされています（ほとんどのニトロソアミンは発がん性物質です）[原注8]。発がん性物質として重大な影響を及ぼすベンゼン、フルフラール、メチルオイゲノール、エストラゴールもリストに入っています。これらの発がん性物質のうち、ベンゼンとフルフラールは「フレグランス成分として使用してはならない」ものに入っています。

実は、この表現にはトリックが隠されています。ベンゼンとフルフラールは一般に、フレグランス成分に意図的に入れられることはありません。——ところが、不純物として中に入ってしまうのです。あとの二つの発がん性物質——メチルオイゲノールとエストラゴール——は、フレグランス成分として使用できますが、濃度が決められています。[原注9]

ＩＦＲＡの研究所ＲＩＦＭの次なる課題は、規制物質一つ一つについて、消費者にとっての安全な濃度を見つけ出すことです。この物質はこれこれの濃度以上では絶対に使ってはいけません、という風に簡単に言ってくれれば良いのですけど、そうもいきません。製品によって消費者が使う分量が違うので、暴露量も違ってきます。そしてメーカーは安全な範囲でなるべくたくさん使いたがります。そこでＩＦＲＡは、製品ごとに安全な濃度を細かく計算することにしました。

ＩＦＲＡの皆さんは長年の経験から、皮膚に接触する量が多いほど、その中のフレグランス成分への暴露量も多くなると考えています。それでいくと、（シャンプーのように）洗い流してしまう製品は、（モイスチャーのように）皮膚に残る製品よりも暴露量が少ないということになります。（ボディローションのように）体全体に使う製品は、顔だけに使う製品よりも暴露量が多いことになります。

ＩＦＲＡは製品を一一のカテゴリーに分類して、一つ一つに感作性評価係数（SAF: Sensitization Assessment Factor）をあてはめることにしました。ＳＡＦは、二つの要素を組みあわせて計算しました。一つ目は、消費者がその製品のどのくらいの分量に暴露するか、もう一つはその製品の中のフレグランス成分がどのくらい健康に害があるか、です。ここでもまた、大事な計算方法の詳細はＩＦＲＡの会員にしか公開されていません。だから私たち一般人は、どう計算してその数字になったのか知ることはできないし、その数字が妥当なのか議論もできません。わかっているのは、製品のＳＡＦが高いほど、健康被害が大きい可能性があるということです。

ＳＡＦの最高値は三〇〇です。この分類には、カテゴリー1（口紅など、製品が口から摂取される可能性があるもの）、カテゴリー7（赤ちゃん用おしりふきや女性専用ウエットティッシュなど、製品が特に敏感な皮膚に接するもの）などが属します。リスクが中程度のＳＡＦ一〇〇は、カテゴリー4（香水やオーデコロンなど）、カテゴリー5（ハンドクリームやフェイスクリームなど、皮膚の限られた部分にだけ使用されるもの）、カテゴリー9（シャンプーなど、洗い流されるもの）などです。

カテゴリー11は、SAFが最も低く、一〇です。この分類には、あらゆるルーム・フレグランスが入ります。トイレット・ブロック、[訳注6]芳香剤、お香、リード・ディフューザー、ポプリ、アロマキャンドル、そしてホテルやお店で「香りの空間」を演出するさまざまな空気循環機器などです。これらの製品は、一般的に、どんなフレグランス成分をどれだけ入れても構わないことになっています。他の製品で規制されているような物質でも、です。皮膚に直接触れるものではないからです。IFRAがホームページで言っているように、「これらの製品の皮膚への暴露は無視できると考えられるため、常識的な成分含有量での使用による皮膚感作の誘導[訳注7]リスクは無視できる。したがって、最終製品のフレグランス成分濃度は規制されない」のだそうです。[原注10]

例外は、メチルオイゲノールです。この物質の発がん性はあまりにも高いので、IFRAは芳香剤でさえも使用量を制限しています（最高〇・〇一パーセント）。[原注11]どんなに少量でも安全ではないとIFRAが認識しているものが一つあります。子どもが口に入れるものです。「IFRAは子どもが口に入れる恐れのあるオモチャやその他の子ども用製品について、フレグランス成分および混合物の含有を禁止」しています。[原注12]

IFRAは、フレグランス成分に関するどんな悪いニュースも否定しません。否定するどころか、そういう悪いニュースがあれば、メンバー企業がフレグランス成分を使い続けられる道を探してあげなきゃなりません。RIFMは、自分たちが計算ではじき出した定量的リスク評価が、消費者にとって安全な量だと自信満々です。だからIFRAはこんな風に言えるのでしょう。「今日、一般的に使用されている物質の中には、皮膚感作の原因となり得るものもあるが、安全なレベルで最終製品に配合することは可能である」。[原注13]安

ＱＲＡカテゴリーと主な製品

IFRA QRA カテゴリー	ＳＡＦ（感作評価係数）	製品タイプ
カテゴリー１	300	口紅・リップクリーム
カテゴリー２	300	制汗剤
カテゴリー３	300	髭剃り後に使用する含水アルコール製品
カテゴリー４	100	髭剃り後以外に使用する含水アルコール製品（香水・オーデコロンなどを含む）
カテゴリー５	100	ハンドクリーム
カテゴリー６	100	マウスウォッシュ
カテゴリー７	300	おしりふき
カテゴリー８	100	ヘア・スタイリング製品
カテゴリー９	100	洗い流すシャンプー・コンディショナー
カテゴリー10	100	液体洗浄剤・柔軟仕上げ剤
カテゴリー11	10	アロマキャンドル

IFRA RIFM ‘QRA Information Booklet Version 7.1’（July 2015）より

全なレベルを設定することにおけるＩＦＲＡの自信は、彼ら自身ががんの原因となる可能性があると認識している物質にも及んでいます。

ＲＩＦＭの計算に対してＩＦＲＡの寄せる信頼は、こちらが恐れ入るほどです。でも残念ながら、ＩＦＲＡが抱いている安心は、それほど客観的なものではありません。

しょせんＲＩＦＭはＩＦＲＡの出した資金で研究しているのです。

問題はまだあります。規制された濃度で使用されているなら、その製品は安全だというＩＦＲＡの主張は正しいのかもしれません。ですが、それは実験動物が一度に一種類の化学物質に、厳密に計った分量だけ、皮膚の数平方ミリメートルに暴露するという、いわば絵空事（えそらごと）の世界の話です。大量のフレグランス物質が混在する現実世界の私たちは、どうなるのでしょうか？

訳注

訳注1　ＩＦＲＡのホームページを開くと最初に現われる、感覚（sense）という言葉を繰り返し使ったコピー。
訳注2　ＩＦＲＡが定量的リスク評価を採用したのは、二〇〇六年。
訳注3　ある毒物の投与量を増やしていったとき、ある時点で閾値を超えて最初に出現する健康影響のこと。
訳注4　成分が皮膚に着いた状態で光があたると、水泡や発疹など皮膚に問題が起こること。
訳注5　Ｎ-メチルアントラニル酸メチルなど。
訳注6　水洗トイレのタンクに入れると、徐々に洗浄成分が溶け出す固形洗浄剤。
訳注7　ある物質が抗原となって体内に抗体が作られること。再度抗原に接触すればアレルギー反応を起こす。

第八章　研究所ではわからないこと

Beyond the lab

ある日の早朝、浴室にいるあなたは、お出かけの準備をしています。まずシャンプーを手に取って、容器の横っ腹を一押し。ラベルにはフタをきちんと閉めてくださいと書いてあるけれど、なにしろ急いでいますから、パチッと閉めるべきところを、開けたまま。お次はコンディショナー。ちゃんと洗い流すことになっているのだけど、あんまり流さない方がカールの仕上がりがうまくいくことに気づいちゃったんですよね。さてフェイスクリームを塗りましょうか。ああ、名前はフェイスクリームだけど、手にも塗りますよね。続いて制汗剤。ちょっとだけでも効き目があるなら、たくさん塗ったらもっと効き目があるんじゃない？　最後にお気に入りの、この香り。脈のあるところにひと吹き。でも、体のあちこちにもシュッシュッと吹きかけちゃおう。

ＲＩＦＭの科学者の皆さんは、「意図された使用量、あるいは合理的に予見可能な使用量」について厳正な計算をなさいました。だけど科学者の皆さんは、あなたと一緒に浴室に入るわけじゃありません。シャンプーのフタをどうしてきちんと閉めるのかというと、中の成分が空気と反応して発がん性物質に変化するかもしれないからだ、なんて、その場でいちいち教えてくれる人はいないのです。コンディショナーの中のフレグランス成分の安全な量は、完全に洗い流されるものと仮定して計算されています、なんて誰も浴室まで教えに来てはくれません。白衣を着た誰かが、正確に計ったラットの背中の皮膚――せいぜい数平方ミリメートル――にフェイスクリームを塗って、人間の顔の平均面積を計算して、それをもとにクリームの中のフレグランス成分の安全な量を決めているのです。だけどあなたは、顔だけじゃなく、手にも、それからうるおいが必要な体のあちこちにも塗ってしまいましたよね。

実験用ラットと人間のあなたとでは、大変な違いがあります。かたや研究所のケージの中で、皮膚のほんの一部分にクリームを塗られただけ。暴露するフレグランス製品は、そのクリームただ一つです。ほんのちょっとでも他のフレグランス製品が皮膚についたりなんかしていません。あなたが今朝使ったたくさんのフレグランス製品を全部知り抜いている研究者なんて、いるわけがないのです。白衣の皆さんがすることといえば、一つ一つの化学物質を別々にテストして、結果を記録して、それを人間にあてはめるために謎の計算をするだけ。だけどあなたの方は、三〇分かそこいらのうちに浴室で一〇種類近いフレグランス製品を使ってしまいました。その製品の一つ一つは、数十種類のフレグランス成分を含有しているのです。白衣の皆さんが想像だにしない、まぜこぜの化学物質にさらされるのです。人間の体の解毒能力は目を見張るものだそうですが、それでもちょっと酷使しすぎじゃないでしょうか。実験用ラットはたった一つの物質、あなたは数十種類なんて。

実際、種類の違うフレグランス製品に同じ化学物質が入っていることは、よくあるのです。たとえば、あなたが今朝使った石けん、シャンプー、コンディショナー、フェイスクリーム、香水のフレグランス成分の中に、規制物質であるシトロネロール（さわやかなレモンの香りの化学物質）が入っている可能性はとても高いのです。研究者の皆さんは、一つ一つの製品について安全と思われるシトロネロールの量を決めました。でもシトロネロールを含有する製品を六種類一度に使うとすれば、安全な量の六倍にさらされることになります（そして、その日あなたは他の大勢の人たちのシャンプーや香水の匂いを一日中吸い込むというのに、その匂いに含まれるシトロネロールは考慮されていないのです）。ＲＩＦＭは「安全暴露量」の計算式に安全マージン[訳注1]を加味することで、その問題に対処しようとはしています。でもそれで現実の世界に対応できるのかどうか、知る由もありません。

現実の世界には、蓄積効果というものがあります。物質どうしの相互作用もあります。無害な物質でも、一緒にすることで、反応して危険なものができてしまうかもしれません。アンモニアを含む洗剤と塩素漂白剤の例は、皆さんもご存じでしょう。どちらの製品のラベルにも、一緒に使ってはいけないと警告文が書かれています。混ざるとクロラミンという有害な気体が発生するからです。フレグランス製品のメーカーは、フレグランス成分が互いに反応しあうことがあると知っています。だからメーカーは、一つ一つのフレグランス製品について、製品の内部でそれが起こらないように注意をしています。でも、製品どうしでそれが起こらないようにすることはできないのです。あなたがこのフェイスクリームを塗ってからあの香水を吹きかけるなんて、メーカーはどうやって知ることができるというのでしょう?

それから、空気との反応という問題もあります。容器の中に入っている限りは安全なフレグランス成分も、フタを開けた途端に空気と反応することがあります。——すでにお話したように、多くのフレグランス製品に使われているリモネンやピネンが良い例です。空気と一緒になると、発がん性物質のホルムアルデヒドを作ります。だから容器に「フタをしっかりと閉めてください」と書いてあるのです。でもその言いつけを律儀に守ったとしても、リモネンが皮膚に触れてしまえば、空気と接触して、酸化が始まるのです。

さてＩＦＲＡの規制は、皮膚に直接つけるものについては細心の注意を払っています。でも、フレグランス成分が私たちの体の中に入る経路のうち、皮膚はほんの一つにすぎません。フレグランス成分の存在意義は、私たちがその匂いを嗅ぐことにあります。匂い分子が空気中を自由に漂うから、その匂いが嗅げるのです。匂い分子は私たちの鼻の穴から入って、鼻道を上っていき、体に吸収されます。匂い分子は皮膚にもくっつきます。その一部は皮膚を通って血管の中まで入っていきます。匂い分子は肺の中にも入って、そこからやっぱり血管の中に入ります。

ルーム・フレグランスは皮膚に塗りこんだりしないものなので、ＩＦＲＡは原則的に規制の対象からはずしています。カテゴリー11の物質のほとんど——部屋に匂いを振りまくための製品——は、フレグランス成分を無制限で含有することができます。他の製品なら規制されている物質でも、です。でも芳香剤やポプリやお香が出す匂い物質は、シャンプーやフェイスクリームの匂い物質と同じように、私たちの体の中に確実に入ってきます。ここがＩＦＲＡの自主規制の大きな盲点なのです。研究者アン・スタインマンが言うように、「煙突や自動車の排気筒から出てくるものは規制されるが、芳香剤から出てくるものは規制されない」のです。[原注1]

ところで、フレグランス成分は本当に皮膚を通して体に入るのかと疑問にお思いですか？ それが入るんですよ。しかも、皮膚からの吸収率がとても高いフレグランス成分があることがわかっています。[原注2] 皮膚から入った成分は血管の中に至り、体中に運ばれていくのです。

フレグランス業界の経皮吸収に関する計算は最近まで、業界的に言うと安全サイドに寄りすぎていました。どれくらい簡単に皮膚を通って体に入り込むかという具体的な情報がない限り、ＩＦＲＡは吸収率を一〇〇パーセントと仮定して規制リストを作っていました。――つまり最悪の状態を仮定していたのです。安全マージンを広くとっていたということです。

ところが二〇一四年、ＩＦＲＡの研究者たちはどれもこれも一〇〇パーセントという仮定を「不合理」であるとして、さまざまなフレグランス物質の実際の経皮吸収率を計算し直したのです（この研究は、「ＲＩＦＭの内部研究プログラム」の一環でした――つまりフレグランス業界がお金を出した研究です）。経皮吸収率が一〇〇パーセントより小さければ、そのことはフレグランス成分の安全評価に影響を与えますし、この研究論文に書いてあるとおり、「全身暴露量（total systemic exposure）が毒性学的懸念の閾値（いきち）（TTC: Threshold of Toxicological Concern）[訳注2] を下回る可能性があり、その結果、リスク・マネージメントはこれまでとは違ったものになる」のです。[原注3] 言い換えると、それまでと違う計算方法を使えば、規制リストに入れる製品が少なくなるということです。[原注3]

この研究で、経皮吸収の度あいによってフレグランス成分が三つのレベルに分類されました。経皮吸収率が一番小さいものは一〇パーセント、まん中は四〇パーセント、一番大きいものは八〇パーセントです。これでIFRAはたくさんのフレグランス成分について安全性のハードルを下げることができます。一番高い経皮吸収率でさえ一〇〇パーセントより小さいのですからね。物質によっては、一〇〇パーセントから一〇パーセントになって、めちゃくちゃにハードルが下がるわけです。でもこの「これまでとは違うリスク・マネージメント」——フレグランス成分をそれまでより安全なものとして分類し直すこと——とやらで、フレグランス成分が消費者にとってそれまでより安全なものになるというわけではないのです。

子どもが「口に入れる恐れ」がある場合は子ども用製品にはフレグランス成分を入れない、という大事な規制はどうでしょう？　確かにこの点では、フレグランス業界も良いことを言っています。子どもの体は大人よりもずっと脆弱ですからね。子どもの免疫システム——体が健康を脅かすものに対処する機能——は発達途上なので、化学物質に簡単に攪乱されたり、圧倒されたりしてしまいます。肝臓や腎臓など、毒物を処理する臓器も、まだ完全な能力を発揮できません。新生児の血液脳関門[訳注3]は大人と比べて能力が十分ではありません。幼児は大人に比べて、体重に対する体の表面積が広いのです。そして皮膚は、「角質細胞の構成が不十分」——外界から肌を守る層が完全には形成されていません。だから新生児の皮膚は、大人と比べて化学物質を三倍ほども吸収しやすいのです。[原注4] つまり、子どもは毒を皮膚から吸収しやすいわ、外に出す力は弱いわのダブルパンチというわけです。

自主規制を決めた人たちは、子どもの現物を見たことがあるのでしょうか？　小さい子どもは何でも、「口の中に入れる恐れ」があります。子どもというものは、あらゆるものを口に入れます。たとえばママの指。ちょっとばかりハンドクリームの香りがしますね。毛布とクマのぬいぐるみ。きっと洗いたての洗剤が香っているでしょう。お風呂にはアヒルさんのオモチャ。香料の入ったバブルバス用ソープの泡がついていますよ。

口に入れる恐れのあるものだけではありません。肌に触れるものについても、特に「角質細胞の構成が不十分」な赤ちゃんがどうなるか、とても心配です。紙おむつ、おしりふき、おむつかぶれ防止クリーム、ベビーパウダー、シャンプー、バブルバス用ソープ。——こうした製品を使うことでフレグランス成分は皮膚に残り、吸収されて血管の中まで入りこむのです。空気中を漂うフレグランス成分は、子どもたちの未発達な肺の中へと吸い込まれていきます。

子どもたちへのこんな心配をあざ笑うかのように、ＩＦＲＡの会員企業は今、赤ちゃん専用香水を売っています（私はそのことを聞いたとき、まさかと思いました。でもインターネットで調べると、確かにあったのです。信じられないような話ですが、本当なのです。有名メーカーの多くは今、赤ちゃん用香水を売り出しています）。確かに、香水は「口に入れる恐れ」が少ないかもしれません。でも健康のことを考えれば、見当違いもいいところです。赤ちゃん用香水のフレグランス成分は、赤ちゃんの柔らかな皮膚をやすやすと通って血管へと入っていくでしょう。血管は体中の器官へと成分を運びます。肝臓、心臓、肺、目、脳。どれもこれも、十分に発達していません。そんな器官の一つ一つに、刺激物質、感作物質、有害物質、発がん性物質、内分泌撹乱物質を充満させようなんて、どこの誰が考えたのでしょう？

RIFMが行なうテストは、ちゃんとした科学的研究です。その手法は広く受け入れられたもので、その結果は信頼性が高く、査読のある学術論文で発表されています。それでもやっぱり、多くの科学的研究と同じように、どうしても限界があります。――科学的研究をもとに消費者保護規制をするなら、その研究が完璧なものでなければ、消費者を守ることはできないのです。

まず三〇〇〇近くもあるフレグランス成分のうち安全性テストされるものはごく一部だということが、重大な欠陥です。テストには時間がかかり、費用もかかります。基本的な毒性テストでも大ごとで、たくさんの実験動物を使って数週間から数カ月間かかります。発がん性のテストはもっと費用がかかります。実験動物を使って行なう二年間の発がん性テストは、一件あたりの費用が約二〇〇万ドルです。[原注5]

一番簡単なのは皮膚アレルギーテストです。――IFRAの自主規制が主に皮膚アレルギーを対象としているのも、一つにはこのためです。でも皮膚接触はフレグランス成分に暴露する経路の一つでしかありませんし、皮膚アレルギーはフレグランス成分の健康被害の一つでしかありません。

いずれにしても、テストにはお金がたくさんかかる上に、強制ではありません。実際、なぜすべてのフレグランス物質をテストしないの？　というよりむしろ、なぜテストされるフレグランス物質があるの？　という疑問を抱いてしまいます。RIFMでどれくらいのフレグランス成分をテストしたのかは、IFRAしか知りません。結果が発表されていて閲覧できる研究もたくさんありますが、その他に公表されていない研究があるかもしれないのです。世の中に、研究結果を公表するように義務づけられている研究所はありません。たとえそれが公共の利益につながることでも、です。

こうした現実があるので、RIFMの研究データすべてが私たちの手に入るわけではないのです。皮膚感作のテストをされたフレグランス成分はたくさんありますが、毒性テストを受けているものは少なく、発がん性テストを受けているものは、もっと少ないのです。そして先にお話したように、何のデータもないフレグランス成分もたくさんあるのです。

安全性テストが一度も行なわれていない（またはテストされても結果が発表されていない）物質は、どんなに有害であってもマイナス評価が一つもない物質ということになります。辛辣な格言がお好きな科学者の皆さんは、それを「証拠の不在は不在の証拠に非ず（存在する証拠がないからといって、それが存在しないことの証拠にはならない）」なんて言ったりします。

フレグランス成分についてどんなに長い時間をかけてテストが行なわれたとしても、十分な長さとは言えないかもしれません。がん細胞は何十年もかけて増殖します。ホルモン異常は、もっと長くかかる可能性がありますが。——ホルモンの異常は、母胎の中でお母さんの血流を通じて出生前から始まっているかもしれないからです。実験動物を使ってどんなに長い間テストをしても、お母さんの胎内から老人ホームまでの実際の人間の一生にそのまま結果をあてはめることはできません。

ＩＦＲＡのテスト——または少なくともそれをもとにした自主規制——の重大な限界は、人間に関する安全な暴露量の計算がほとんど動物実験の結果をもとにしている点です（人間の被験者を用いた皮膚アレルギーテストも行なわれてはいますが）。ラットやマウスは、人間と同じく哺乳動物です。人間と同じように腫瘍ができます。人間と同じように、脳が化学物質の影響を受けます。でもラットやマウスの体のメカニズムは、人間のものと大きく違います。進化の結果、人間より動物の方が敏感に反応する物質もあるし、逆に人間の方が敏感に反応する物質もあります。化学物質の解毒の仕方についても、動物と人間では違う場合があります。

つまり動物に問題を起こす物質でも、人間には問題を起こさないかもしれないのです。人間はチョコレートを食べても、せいぜいカロリーを取りすぎたと罪悪感にさいなまれる程度ですが、ネコやイヌはチョコレートを食べると死んでしまいます。逆に、ある動物には何の害もない物資が、人間には深刻なダメージを与えるかもしれないのです。

ＩＦＲＡ実施要項では、「ＩＦＲＡ加盟企業はＩＦＲＡスタンダードを遵守しなければならない」となっています。この「しなければならない」を取り締まるために、ＩＦＲＡ実施要項の中に試験プログラムを持っています。ＩＦＲＡはそのプログラムで、毎年、加盟企業のフレグランス製品からサンプルを抜き取って、禁止成分が使われていないか、規制成分が規定以上に使われていないかをテストしています。[原注6]

ではＩＦＲＡは、これまでにＩＦＲＡスタンダードを守っていない企業を見つけたことがあるのでしょうか？　ホームページを見ても、何も書いてありません。でも業界と関係のない研究機関の検査では、禁止成分を使っている企業、規制成分を規定より多く使っている企業、法律でラベルに表示することになっている成分を表示していない企業が、たくさん発見されています。[原注7]

もしＩＦＲＡが規則違反の企業を見つけた場合、その企業にどうやって規則を守らせるのでしょうか？ＩＦＲＡにできるのは、その企業を除名し、加盟企業としての特典を剥奪することだけです。でもフレグランス業界には大金が動いているし、規制されている成分はどれも素晴らしく良い香りです。競争相手を追い越せるなら除名になっても損はないとそろばんをはじく企業があるかもしれません。

消費者がフレグランス成分に不安を抱き始めていると、ＩＦＲＡは気づいています。ＩＦＲＡは、自主規制で消費者の安全は守られていると必死で説明します。でも消費者の安全のために努力していると言っているそばから、こんな免責条項で頬かむりを決め込んでいるのです。「市場で販売されるいかなるフレグランス成分の安全性に関する責任も、その成分を供給する製造業者が負うものである」[原注8]。

というわけで、自主規制がどんなにお金をかけた素晴らしい監督システムだとしても、フレグランス業界の麗々しい言葉のうしろ側には、基本的にすべてが絵に描いた餅だという残念な事実が隠されています。たとえIFRAの自主規制が消費者の安全を完璧に守るようにできていたとしても、IFRAにはその自主規制を実際に守らせる権限もないし、最終的な責任を負うこともないし、業界の外部の人たちに対する説明責任もないのです。

でも、それが何か問題ですか？ フレグランス成分から消費者が守られる必要なんて、あるんでしょうか？ ぜんそくは確かに命の危険を伴う病気です。頭痛や湿疹が出れば、その日一日が台無しになります。でも世の中には危険があふれているし、健康を脅かすものでいっぱいでしょう。ちょっとばかり頭痛やぜんそくが出るからって、そんなに心配することないんじゃないかしら？

訳注

訳注1　安全性を確保するために余裕を持たせること。
訳注2　それ以下の暴露量では、明らかな有害影響が現われないとするヒト暴露量の閾値。
訳注3　血液中の物質が脳の中に入るのを制限する機構。

第九章　ヒゲ剃りあとにつけるのは？

Aftershave with what?

生物物理学者ルカ・トゥリン博士[訳注1]は、嗅覚とフレグランス化学の専門家です。彼の執筆した香水の解説書は、どれも定評があります。[原注1]TED[訳注2]でトゥリン博士が一般向けに講演している映像を、インターネットで見ることができます。博士は講演の中でクマリンについて触れています。クマリンは「刈り取ったばかりの牧草のような」さわやかな香りの一般的なフレグランス成分です。自然界にある多くの植物に含まれていて、少なくともこの一〇〇年ほどの間、天然由来のものも合成品も、香水や化粧品に広く使用されてきました。トゥリン博士は、クマリンが一八八一年から男性用オーデコロンに使用されてきたと、講演の中で言っています。「ただ一つの問題は」——と、ここで一呼吸おいて——「クマリンが発がん性物質だということです。ヒゲ剃りのあとに、……発がん性物質のローションをつけたい人は……まぁ……いませんよね……」。すると、場内は大爆笑。聴衆は、しかめっ面でひょうきんなことを言うこの男性が、また冗談を言ったのだと思ったのでしょう。

実際、この聴衆の反応に、博士はちょっとびっくりしたようでした。フレグランス科学者はみんなそうですが、トゥリン博士もフレグランス成分の中には発がん性物質があると知っています。トゥリン博士のような研究者には、毒性の低い代替物質を発見することがビジネスになります。講演の中でも、「フレグランス業界はわれわれ研究者に、新しいクマリンを発明してくれと求めてきます」と言っています。でも聴衆には、フレグランス成分が危険だなんていう発言は、冗談にしか聞こえなかったようです。ヒゲ剃りあとに発がん性物質だって！　おもしろいこと言うなぁ。

ルカ・トゥリンがクマリンを発がん性物質と言ったのは、冗談ではありません。——しばらく前から、クマリンは実験動物にがんを発生させる物質として知られていました。[原注2]それで科学者の皆さんは、クマリンが人間にもがんを発生させるかどうか、確認しようとがんばってきました。今のところ、まだはっきりとはわかっていません。発がん性があると明確に言えるほど、十分な研究がなされていないからです。でもEUの食品科学委員会は、「肝臓の代謝に関する新データに対し、遺伝毒性に関する懸念を払拭できなかった」[訳注3]と言っています。[原注3]そしてIFRAは、クマリンを規制物質のリストに入れています。

クマリンは確実に皮膚に吸収されます。[原注4]クマリンを含有するフレグランス製品に暴露するということは、実験動物に必ずがんを発生させるもの、人間にがんを発生させないとは言い切れないものを（皮膚や肺を通して）吸収するということです。

クマリンに暴露しても、実験動物がみんながんになるわけではありません。愛煙家の中には、タバコの害などものともせずに一〇〇歳まで長生きする人もいます。それと同じです。がんの研究では、たくさんの実験動物を使って、研究対象となる化学物質に暴露するグループと暴露しないグループが比較されるのですが、科学者というものは、ある物質がある事象の「原因となる」とはっきり言いたがりません。間違いなく原因であると証明するのは難しいからです。それでも暴露していないグループより暴露したグループの方ががんになる率が高ければ、その化学物質ががんと「相関関係がある」と言えます。――その化学物質とがんとの間に何らかの関連を示すパターンが存在するであろう、ということです。

科学者というのは常に慎重な人たちですから、「相関関係は因果関係ではない」とよく言います。二つのものが互いに関連していても、一方がもう一方の原因とは言えないのだそうです。でも私たち素人は、「発がん性物質」に分類されている化学物質に暴露した場合、暴露しなかったときよりもがんになる可能性は高くなる、と思いますよね。

さてクマリンは、実験動物にがんを発生させるフレグランス成分の一つだとわかりました。発がん性のあるフレグランス成分の中には、たくさんの製品に使われるものがあります。

アン・スタインマンが「シック・ビルディング症候群」の研究でたくさんのフレグランス成分を分析したとき、最も多く使われていた成分の一つが酢酸ベンジルでした。一回目の分析の製品サンプルの半数に、二回目の三分の一以上に、酢酸ベンジルが使われていました。酢酸ベンジルは、実験動物にがんを発生させることがわかっています。[原注5]

β－ミルセンも、とてもよく使われるフレグランス成分です。[原注6] 動物実験で、ラットの腎臓がんと関連があることがわかっています。[原注7] アメリカの国家毒性ブログラムは、β－ミルセンが「オスのＦ／３４４Ｎラット[訳注4]において明確な発がん活性」が認められたと結論づけています。[原注8]

イソオイゲノールは、魅惑的で甘くスパイシーな香りの物質です。これもフレグランス成分として一般的です。[原注9] 二五の人気香水を分析した研究で、半数以上の製品がイソオイゲノールを含有していることがわかりました。アメリカの国家毒性プログラムが実験動物を使って行なった研究では、腎臓と胃にダメージが、そして肝臓、血液、鼻、乳腺、胸腺（胸腺は免疫システムを司るT細胞を作るところ）に「明らかな発がん活性の証拠」が見つかりました。[原注10]

イソ吉草酸アリルは、チェリーかリンゴを思わせるさわやかな香りで、たくさんのフレグランス製品に使われています。アメリカの国家毒性プログラムがイソ吉草酸アリルの動物実験を行ない、発がん性があって白血病とリンパ腫を引き起こすことがわかりました。[原注11]

エストラゴール[訳注5]はアニスの香りの化学物質で、人気のフレグランス成分です。一九九九年に国家毒性ブログラムが動物実験を行ない、発がん性物質であることがわかりました。[原注12] その数年後、ＥＵ消費者安全科学委員会はエストラゴールに関するすべての研究データをレビューし、発がん性があるだけでなく遺伝毒性もあることがわかりました。遺伝毒性とは、遺伝子に傷をつけ、突然変異の原因になるということです。「エストラゴールは遺伝毒性と発がん性があることが示された。したがって、閾値があるとは考えられず、当委員会は安全な暴露限度を設定することができなかった。そのため、暴露量の削減と使用レベルの制限を提案する」とのことです。[原注13]

それにしても、かわいそうなネズミたち。ところで、人間はどうなのでしょう? これらの成分は、人間にも害を及ぼすのでしょうか?

IFRAの研究者の皆さんは、IFRAの自主規制で規定された濃度を守っていれば、害はないと言うでしょう。実際、今しがた挙げた物質はすべて、IFRAがフレグランス製品に使用することを認めています。酢酸ベンジル、β-ミルセン、イソ吉草酸アリルは、どんな製品にも、どんな濃度でも、使用できます。イソオイゲノールとエストラゴールは、皮膚に接触する製品について濃度が決められていますが、芳香剤などのルーム・フレグランスにはいくらでも使用できます。[原注14]

IFRAはこれらの物質一つ一つについて、安全なレベルがあると言うでしょうが、IFRAと無関係の科学者――つまりフレグランス業界から研究資金をもらっていない研究者――は、そんなことは言いません。業界のヒモのついていない研究者なら、これらの化学物質が人間に対して安全だなどという説を請けあったりは絶対にしないでしょう。

WHOの研究機関に、国際がん研究機関(IARC: International Agency for Research on Cancer)というところがあります。動物実験で発がん性の証拠が示された化学物質を評価し、人間に対しても発がん性があるかどうかを確かめています。IARCの化学物質カテゴリーの一つに、動物実験では発がん活性が示されたが、人間への影響はデータがまったくない、または少ししかないというものがあります。先ほど挙げたフレグランス成分はすべて、このカテゴリー、つまり「ヒト発がん性について分類できない」に属しています。[原注15] WHOは、これらの物質すべてに対して、どんな濃度でも安全宣言することができないのです。WHOに言えるのは、誰にもわからない、ということだけです。

理由は、情報不足にあります。研究が足りない。なぜかと言うと、人間に対して発がん性研究を確実な形で行なうことは、ほとんど不可能だからです。何年間も閉じた空間でクマリンやエストラゴールにさらされて、がんの兆候が現われないかと化学者に観察されるボランティアを進んで引き受ける人を見つけるのは、容易じゃありません。ましてそのあと、安楽死させられて解剖されるなんて、誰だってまっぴらです。

反対の方法――がんになってしまった人を研究して、どうやって発病したか突き止める――も大変です。がんはたいていの場合、進行するのに何年もかかります。その間に、がんの原因になりそうな何千もの物質に暴露します。動かぬ証拠――つまり間違いなくこれが原因だというものを見つけるのは、至難の業です。

でも、動物に発がん性のあるフレグランス成分が、人間にとっても発がん性があるかどうかを突き止める方法も少しはあります。一つは、実験動物に厳密にどのようにがんができるかを研究することです。実験動物の場合、人間と違う生物学的構造が経路になってがんを発症することがありますが、人間と経路が同じ場合もあるのです。人間にも実験動物と同じプロセスでがんができる場合には、実験動物にがんを引き起こした物質が、かなりの確率で人間にとっても発がん性物質であることになります。

もう一つの方法は、疫学的研究で調べることです。大人数から得られた膨大なデータを分析して、パターンを見つける方法です。もし一つのグループ内の人がすべて同じように病気になって、共通の要素――たとえばみんなが同じ産業で働いているとか――があれば、その共通の要素がその人たちを病気にした原因と関係があるだろうと考えます。喫煙とがんとの関係を突き止めたのは、疫学的研究でした。四万人以上のイギリス人医師が研究対象として参加して、五〇年も調査が続けられました。[訳注6] その結果、喫煙者は非喫煙者に比べて、肺がんになる確率が高いとわかったのです。

でもフレグランス成分に関する疫学調査は、なかなか大変です。理由はいくつかあります。まず、私たちはみんなフレグランス成分にさらされています。――暴露していないコントロール・グループ[訳注7]を作る方法がありません。それから、私たちが日常的に暴露しているさまざまな化学物質の中から、フレグランス成分だけを取り出して調べるのはとても困難です。一週間にタバコを何本吸ったかは報告できても、何ミリリットルのエストラゴールにさらされたかを報告することはおそらくできないでしょう。

というわけで、人間ボランティアはいないし、疫学調査も難しいのですが、それでもフレグランス成分が人間にとって発がん性物質になるかどうかを知るためのデータは存在します。アメリカの国家毒性プログラムは、発がん性物質に関する報告書を何年かごとに発表しています。――報告書で発表される発がん性物質の最高レベルは、「ヒト発がん性因子であることが知られている」です。[原注16] 人間に対して発がん性があると断言するのが難しいことを考えれば、トップレベルに入るのは、ものすごいことです。喫煙、マスタードガス、アスベストなど約五〇の物質しか入っていないのです。そしてその中に、ホルムアルデヒドが入っています。[原注17]

ホルムアルデヒドは、フレグランス製品の中に成分として入れられることがあります――すぐれた防腐剤になるのです。でもホルムアルデヒドが揮発するフレグランス製品がたくさんあるのは、製品の中に入れられた成分が反応してホルムアルデヒドを作るせいです。先にお話ししたように、スタインマン教授の「シック・ビルディング」の調査で、リモネンとピネンが一番多くの製品に含まれていましたね。二つともテルペンで、テルペンは空気に触れるとホルムアルデヒドを生成します。[原注18] フレグランス製品によく使われる防腐剤クォータニウム[訳注8]－15も同じです。[原注19]

ホルムアルデヒドの他に、アセトアルデヒドもスタインマン博士の二回の調査で「最も一般的な成分」の一つでした。IARCは、アセトアルデヒドを「ヒトに対して恐らく発がん性がある」に分類しています。[原注20] アメリカの国家毒性プログラムは、「合理的にヒト発がん性因子であることが予測される」という物質リストに入れています。[原注21]

EUの消費者安全科学委員会は二〇一二年にアセトアルデヒドを評価し、経口・吸入のどちらの経路でも実験動物に発がん性があることを確認しています。同委員会はまた、アセトアルデヒドが皮膚、目、気道への刺激性があり、実験動物に遺伝子の突然変異を引き起こすとも指摘しています。結論として、アセトアルデヒドは「フレグランス成分として最大含有率〇・〇〇二五パーセント（二五ｐｐｍ）を超えて……化粧品に意図的に使用すべきではない」と言っています。[原注22] アセトアルデヒドはＩＦＲＡのフレグランス成分リストに載っていますが、規制リストには入っていません。だからどんなフレグランス製品にも、どんな濃度でも、使うことができます。

フレグランス製品に入れていないのに製品から検出されるもう一つの物質に、1，4－ジオキサンがあります。[原注23] 不純物として検出されるのです。国家毒性プログラムの発がん物質報告書では、アセトアルデヒドと同じ、第二レベルの「合理的にヒト発がん性因子であることが予測される」に入れられています。[原注24]

1，4－ジオキサンの毒性は発がん性だけでなく、皮膚と目に刺激性があり、気道に刺激症状を引き起こす原因になります。暴露によって中枢神経、肝臓、腎臓にダメージを受ける恐れがあります。呼吸と皮膚

を通して体の中に入ります。[原注25]

アメリカの食品医薬品局はメーカーに対し、製品に1，4－ジオキサンを混入させないように注意喚起していますが、義務づけられているわけではありません。1，4－ジオキサンはIFRAの規制リストにも禁止リストにも入っていません。つまり、どんなフレグランス製品にどれだけ含まれていても、問題ないことになっています。

ジクロロメタン（塩化メチレンとしても知られる）も、国家毒性プログラムが「合理的にヒト発がん性因子であることが予測される」に分類しているフレグランス成分です。[原注26]実験動物に発がん性があり、人間が多発性骨髄腫（骨髄のがん）になるリスクを過剰に高めることがわかっています。[原注27]ジクロロメタンをフレグランス製品に使用することは禁じられていませんし、規制リストにも入っていません。だからどんなフレグランス製品にも、いくらでも入れることができます。

メチルオイゲノールは「クローブ（丁子）に似たカーネーションの香り」と表現される麗しい香りで、フレグランス製品に広く使われています。国家毒性プログラムは「合理的にヒト発がん性因子であることが予測される」物質だと言っています。[原注28]IFRAはホームページで、メチルオイゲノールの発がん性を認めています。[原注29]先にお話したように、あまりにも有害なので、普通は規制の対象にならない芳香剤などの「非皮膚接触製品」についても、濃度を規制しています。

今挙げた物質が、発がん性のあるフレグランス成分のすべてというわけではありません。学術論文をひもといていけば、さらにたくさんのフレグランス成分に発がん性があるとわかるでしょう。もっとも、発がん性があるとわかっているものは一部で、実は一体どれほどのフレグランス成分に発がん性があるか、皆目わからないのです。テストされたことのないものもあれば、テストされても結果が公表されていないものもあるからです。フレグランス成分のことを調べていると、「発がん性に関するデータなし」と書いてあることがよくあります。

フレグランスメーカーは、フレグランス成分の発がん性情報を聞いても、別に驚いたりしないでしょう。それどころか今まで見てきたように、メーカーは定量的リスク評価のおかげでフレグランス製品に含まれる発がん性物質は安全なレベルしか入っていないと主張し続けています。つまり彼らが言いたいのは、発がん性物質であるかどうかは問題ではない、発がん性を発揮するために十分な量かどうかが問題だ、ということなのです。

では、発がん性物質はどのくらいの分量でがんの原因になるのでしょうか？　確実な答えはただ一つ。量は人によって違う、です。遺伝子によっても違うし、ライフスタイルによっても違うし、周囲の環境によっても違います。それなのにＩＦＲＡから研究費をもらっている研究者の皆さんは、自信を持って発がん性物質の安全量を決めています。どうしてそんなに自信が持てるのでしょうね？

そもそも、人間にとって発がん性物質の安全レベルがどれくらいかなんて、誰にもわかりません。それを知るためには、人体実験という例の不可能な研究をしなければならないでしょう。

でも安全な量というものが仮にわかったとしても、消費者にとっては何の役にも立ちません。先にお話ししたように、フレグランス製品の成分は表示されていませんし、よそ様からの受動フレグランスを計算することなど不可能です。ホルムアルデヒドや1，４－ジオキサンについて、確実にがんを引き起こさないレベルがあるかもしれません。でもそのレベルを知ることも、今の私たちの状況が安全かどうかを知ることも不可能なのです。

フレグランス製品のメーカーの中にも、そういう懸念を抱いたところがあります。ジョンソン・エンド・ジョンソンは二〇一二年に行なった記者会見で、赤ちゃん用製品から発がん性物質であるホルムアルデヒドが揮発しないように、そして1，4－ジオキサンが混入しないように、成分の配合を変更する計画だと発表しました。同社はまた、「一部の例外を除いて」大人用の製品についてもホルムアルデヒドが揮発しないようにすると約束しました。二〇一五年までに赤ちゃん製品はホルムアルデヒド・フリーに、1，4－ジオキサンについては「測定可能な範囲でこれまでの最低レベルに」すると同社は言いました。[原注30]

確かに良いニュースです。でも、悪いニュースの裏返しでもあります。この発表をするまでの六〇年以上にわたって、一九五三年発売のベビーシャンプー——同社の全製品が安全であるということの象徴のような——に、少なくとも二つの発がん性物質が含まれていたと、誰が知っていたでしょう？

その他のメーカーや小売店（P&G、ウォルマート、ターゲットなど）[訳注9]も、パーソナルケア商品をホルムアルデヒド・フリーにするなど、健康リスクを減らすための取り組みをしています。[原注31]

こうした企業の取り組みは、科学研究の結果に応えた動きですが、同時に消費者の心配する声に応えた動きでもあります。なにしろフレグランス成分の危険性に関する記事[原注32]はマスメディアで年がら年中報道されているし、「母乳に有害物質が！」みたいな話題は、今ではすっかりお馴染みになりましたから。

企業が自社製品の安全性を高めるのは結構なことだと思います。でもそこまで責任感の強くない、他の企業や小売店についてはどうすれば良いのでしょう？　そういう企業や小売店の製品を買う消費者は、ベビーシャンプーやバブルバス用ソープや紙おむつからホルムアルデヒドが揮発しないかどうか、どうやって知れば良いのでしょうか？

フレグランス製品の味方をする方々は、そんな発がん性物質はハーブやスパイスにも含まれているじゃないかと言います。そのとおりです。たとえば、バジルにはエストラゴールが含まれています。それなら、バジルを食べない方が良いのかしら?

フレグランス製品から日常的に暴露するエストラゴールの量を数値化することは不可能なので、どれくらいのバジルを食べればフレグランス製品からの暴露量と同じになるのかわかりません。ですが人間には、中断メカニズムが自然に備わっています。一種類の食べ物をたくさん（たとえば大量のエストラゴールを取り込むほどのバジルを）食べたとすると、ウンザリ・・・・・・して、それ以上食べたくなくなるでしょう。人類とバジルは、長い間共存してきました——それ以上食べるなという合図が出せるくらい長いつきあいです。フレグランス製品では、こうはいきません。——バジルと同じ物質を含んでいたとしても——バジルとフレグランス製品では化学的に全然違うものだからです。そしてフレグランス成分は、人間が進化と共に長い間共存してきたものではないからです。

さてアンラッキーな人たちに頭痛やぜんそくや湿疹を引き起こすフレグランス製品は、発がん性物質という別の顔を持っていることが、これでわかりましたね。頭痛やぜんそくや湿疹ならすぐに症状が現われますから、パターンがすぐにわかって、症状が出ないようにすることも簡単にできます。フレグランス製品を避けなさいと、体が教えてくれるでしょう。

そう考えると、フレグランス製品ですぐに症状の出る私のような人は、実はラッキーなのかもしれません。具合が悪くなるものは、誰だってできるだけ避けますからね。でもすぐに症状が現われない人たちは、フレグランス製品を何年も使い続けることでしょう。有害なものを含んでいたとしても、気づいたときには手遅れかもしれません。

　がんの発症には、さまざまな要因が関わってきます。一つ一つのがんについて、何が最大の原因だったのかは、誰にもわかりません。そしてフレグランス製品は、私たちの生活の中でがんを引き起こす物質のたった一つでしかありません。でもアスベストや放射能やタバコなどごまんとある発がん性物質にほんの少しでも暴露しないようにと思えば、大変な努力が必要なのですから、一つでも発がん性があるとわかっているものがあるなら、できれば避けようと思うのが人情ですよね。

訳注

訳注1　ウルム大学（ドイツ）客員教授。「匂いの帝王」などと呼ばれている。
訳注2　TED（Technology Entertainment Design）は、アメリカの企業。さまざまな分野の、エンターテイメント性の高い講演会を開催し、インターネットでも内容を公開している。
訳注3　ヒトに対する発がん性を評価するためには、遺伝毒性があるかどうかがカギとなる。
訳注4　がん研究用に開発された実験用ラットの種類。
訳注5　地中海周辺が原産のセリ科の植物で、古くから香料や薬草として用いられている。
訳注6　イギリス人医師リチャード・ドール博士らの呼びかけで、一九五一年に開始し、二〇〇一年まで続いたアンケート調査。ブリティッシュ・ドクターズ・スタディ（British Doctors Study）と呼ばれる。
訳注7　対照実験において設定される比較対象のこと。たとえば薬の臨床試験なら、本物の薬を投与されるグループに対する、ニセ薬を投与されるグループ。
訳注8　第四級アンモニウム塩（逆性石けん）の一種。消毒剤としても使用される。
訳注9　大型ディスカウント・ストアなどを経営するアメリカの小売業者。

第十章　分解不能

The indestructibles

天然のフレグランス成分は、ずっと昔から人間の身の回りにありました。一方、合成ムスク、フタレート、紫外線吸収剤などは、最近の発明です。広く使われるようになってから、まだ人間の一生分の時間くらいしか経過していません。

こうした合成品が世に現われた頃、新しい化学物質として普通の安全性テストをされたものもありました。皮膚アレルギーを引き起こすか？　毒性はあるか？　がんの原因になるか？　初期に発明されたムスクの中には——たとえば第七章のビンテージ香水ファンが言っていたニトロムスクのように——発がん性があるとわかって、別の物質に変更された場合もありますが、次々と登場する新しい物質は旧来のテストに引っかからないことが少なからずありました。

それからしばらくして、科学者たちはだんだんと、ひょっとして見当違いのテストをしているんじゃないかと気づき始めたのです。科学の世界ではよくあることですが、まったく関係のない研究をしていた人たちが重大な発見をしたことから物語は始まります。

下水処理場の仕事は、下水に流れ込んでくる物質——し尿、そして洗濯機やキッチンやお風呂などの生活雑排水——をきれいにすることです。水をできるだけきれいにして、もとの水循環へと戻すことが目的ですね。

従来の処理システムは、昔ながらの石けん成分やバクテリアを分解することならお手の物でした。ところが一九九〇年代頃から、汚水をチェックしていた科学者が、奇妙な物質の存在に気づき始めました。新しいタイプの粉末洗剤の香料が、まったく分解できなかったのです。下水処理場に全世帯の洗濯排水が流れ込み、その中の合成ムスクは処理場をどんどん素通りしていきました。処理場の下流では、もとの姿のままの合成

ムスクが「無視できないほどの量」で「おそらくどこの水域にもあまねく見られ」ました。[原注1]

そのことに気づいて以来、科学者たちは下水処理場でムスクを処理して放流水の質を向上させようとがんばってきました。その努力のあとは、たくさんの研究論文に見てとることができます。でも当然のことながら、彼らの努力はあまり実を結びませんでした。処理方法の微妙な違いによって、他の処理場より多少合成ムスクを取り除くことに成功したところもある、という程度でした。[原注2]

下水処理場が水を放流するあたりの水域に生息するあらゆる生き物の体内に、合成ムスクが見つかりました。[原注3] 下水処理場の下流や河口の魚にも見られました。川から取水した飲料水にも含まれていました。[原注4] 取水場所が下水処理場の下流ではなくても、合成ムスクは見つかりました。合成ムスクの小さな粒が風に乗って、雨や雪と一緒に降ってきたのです。[原注5] 採集した雨水サンプルのほとんどに合成ムスクが含まれていたことを報告した論文もありました。[原注6] 合成ムスクは、下水処理場の汚泥を肥料にして育ったニンジンや牧草地にも入り込みました。[原注7] 合成ムスクはきわめて分解されにくいのだと、科学者たちは気づき始めたのです。

二〇一一年、アメリカの研究グループが、下水処理場の下流に生息する魚の体内に合成ムスクが蓄積されていると発表しました。[原注8] 生体濃縮という現象でした。小さい魚が中くらいの魚に食べられて、小さい魚の体内の合成ムスクは中くらいの魚に移行します。中くらいの魚が大きい魚に食べられて、中くらいの魚と小さい魚の合成ムスクは大きい魚に移行します。食物連鎖の上に行くほど、合成ムスクは生体濃縮されていくのです。

この分解されにくい合成ムスクが人体にも取り込まれているかどうか、調べた研究があります。案の定、人間の体の中にもムスクはありました。ほとんどすべての人の体の中に、合成ムスクが見つかったのです。――調査対象となった人の九〇パーセント以上から見つかりました。[原注9] 女性を年齢別に分けて合成ムスクの量を比較した研究もあります。年齢が上に行くほど、そして日常的にフレグランス製品を使っている人ほど、血液の中から多くの合成ムスクが見つかりました。[原注10]

幼児が大人の五倍も合成ムスクに暴露していることを発見した研究もあります。[原注11] 幼児が大人より床に近い位置にいることが多く、床のホコリのついたものを口の中に入れてしまうというのも理由の一つかもしれません。なにしろ、ハウスダストは相当な量の合成ムスクを含んでいるのですから。[原注12] 乳幼児の体には、フレグランス製品に入れられる溶解剤フタル酸ジエチル（ＤＥＰ）も見られます。ある研究では、被験者となった子どもの八〇パーセントから、ＤＥＰの代謝物[訳注1]が発見されました。小さな子ほど、その量は多く見られました。そしてローションやシャンプーやベビーパウダーにたくさん暴露している子どもほど、体内にたくさん入り込りこんでいました。[原注13]

合成ムスクは動物の体内に入ると、すぐさま脂肪細胞へと移行して、そこで蓄積されます。[原注14] 乳房は脂肪が多く、母乳にも脂肪がたっぷりです。人間は食物連鎖のトップですが、その中でも頂点に立つのが母乳を飲んでいる赤ちゃんです。

母乳の中にあたりまえのように合成ムスクが含まれていることを確認した研究論文はたくさんあります。しかもフレグランス製品をたくさん使う女性の母乳には、たくさんの合成ムスクが含まれている可能性が高いのです。二〇〇八年のスウェーデンの研究では、母乳を採取するだけでなく、母乳を提供した女性たちにフレグランス製品を使っているかどうかアンケートにも答えてもらっています。その結果、「妊娠中に香水の使用量の多かった女性は、母乳中のＨＨＣＢ（合成ムスクの一種のガラクソリド）濃度が高くなり、香料入り洗剤を使っている女性はＡＨＴＮ（これも合成ムスクの一種のトリナド）濃度が高くなる」ことがわかりました。[原注15]

つまりお母さんがフレグランス製品をたくさん使っているほど、あまり使っていない場合に比べて、赤ちゃんがたくさんの合成ムスクに暴露するということです。

おいしくて安全なものの代名詞のような母乳を飲んだ赤ちゃんに、合成化学物質が大量に入り込んでいるとあっては、心穏やかでいられませんよね。でもその頃にはまだ、合成ムスクが原因となって起こる健康被害について研究がほとんどありませんでした。やがて二〇〇〇年代初頭になって、合成ムスクを発明した人たちが予想もしなかった奇妙な事態が研究発表され始めました。合成ムスクは自然界には存在しない物質なのに、生物の体が自分の作り出したホルモンだと思って反応してしまうことがわかったのです。

ホルモンは生物の体であらゆることを取り仕切っています。体のさまざまなところにある分泌腺は、ホルモンを分泌して、あらゆることに（遺伝子と共に）シグナルを送ります。太っているか痩せているか、疲れているか元気ハツラツか、背が高くなるか低くなるかについて、ホルモンは体のあちこちに合図を送るのです。ホルモンは、胎児の脳の発達に影響を与えます。ホルモンは免疫システムと密接につながっています。そして肥満や糖尿病とも関連があります（酪農家なら、肥育ホルモンがウシやニワトリの発育に効き目バツグンだと知っています。「オビーソゲン」と呼ばれる化学物質は、脂肪が体の中で代謝されるのを邪魔したり、食欲を変化させたりします）。[訳注2]

ホルモンのシグナルは、大げさなものである必要はありません。ほとんどの場合ごく小さなもので十分です。お馴染みの例としては経口避妊薬がありますね。避妊薬に含まれるホルモンはごくわずかです。体が赤ちゃんを作ろうと準備万端、やる気満々でも、ほんの少量で意欲をそぐことができます。

さまざまな器官にある受容体は、体のその部分がズバリ必要としているホルモンだけを受け取るようにできています。たとえば乳房にはエストロゲン（別名、女性ホルモン）[訳注3]の受容体がたくさんあります。前立腺にはアンドロゲン（別名、男性ホルモン）の受容体がたくさんあります。私は、受容体を錠前、ホルモンをカギだとイメージしました。正しい鍵だけが錠前を開けられます。そうしてホルモンのシグナルは中へ入ることができるのです。

近年、こうした錠前にピタリとあってしまう合成ムスクがたくさんあることが、さまざまな研究でわかってきました。錠前の方は、本物のカギとニセ物のカギを見分けることができません。本物だと思って、ニセホルモンを中に入れてしまうのです。

合成ムスクはホルモンシステムにさまざまな関わり方をします。あるものは甲状腺ホルモンのマネをします。[原注16]またあるものは、エストロゲンのマネをします。[原注17]研究所で実験に使われた合成ムスクだけがマネをするわけではありません。どこにでも売っている製品の成分が、マネをするのです。市販の制汗剤について調べたドイツの研究では、サンプルとなったスプレー式制汗剤一〇製品のうち七製品が「エストロゲン様作用」を起こすことがわかりました。――体が制汗剤のフレグランス成分をエストロゲンだと勘違いして反応したのです。[原注18]

エストロゲンを妨害する合成ムスクもあります。二〇一〇年の研究で、合成ムスクの一つが魚の体内で分泌された本物のエストロゲンを邪魔することがあるとわかったのです。合成ムスクの量が多いほど、多くのエストロゲンが阻害されました。[原注19]エストロゲンとプロゲステロン（黄体ホルモン）の両方を邪魔する合成ムスクも発見されました。プロゲステロンも、エストロゲンと同じように重要な生殖ホルモンです。ごく少量で邪魔をするので、その研究をしたグループはその化学物質がどの程度ホルモンを撹乱するのか、早急に調べる必要があると訴えています。[原注20]

男性ホルモンに影響を与える合成ムスクもあります。アンドロゲンのマネをするものも、邪魔をするものもあるのです。[原注21] マネと妨害を両方するものもあります。不思議ですよね。どちらをやるかは、量とタイミングの問題だそうです。[原注22]

フレグランス製品の中には、合成ムスク以外にも体に自分の分泌したホルモンだと勘違いさせる成分が含まれています。フレグランス製品に使われる紫外線吸収剤にも、ホルモン様作用が見られることが研究でわかっています。[原注23] ほとんどすべてのフレグランス製品に使われている万能溶解剤ＤＥＰ（フタル酸ジエチル）も同じ作用を引き起こします。[原注24] ＤＥＰは合成ムスクのように生体濃縮はしませんが、多くの人はフレグランス製品から毎日、フレッシュなＤＥＰを体の中に取り込んでいます。

（フレグランス成分だけがホルモン様作用を持つ化学物質ではありません。次々と開発される化学物質――たとえば農薬やプラスチックの添加剤など――の中にも、ホルモンのマネや邪魔をするものがあります。人間が作り出した合成物質だけというわけでもありません。エストロゲンのマネをする成分――フィトエストロゲン[訳注4]――を作る植物もあります。このように生物が自分自身の体内で作り出すものではないホルモン様物質を全部ひっくるめて、キセノエストロゲン――外因性エストロゲン――と呼びます。人間の健康に対する影響は、まだ完全には解明されていません）。

いずれにしても、フレグランス成分には人間の体のシグナルシステムに何らかの干渉をしてくるものがあることが明らかになっています。そうした干渉の効果はたいしたことがない――少なくとも本物のホルモンのシグナルより影響は小さいと言っている研究論文もあります。大量でなければ体に影響は出ないと主張する論文もあります。でも、比較的少量で大きな影響があると言っている論文もあります。[原注25] 動物実験に使うような大量レベルだけでなく、環境中に見られる少量レベルでも、エストロゲン様作用は起こると言っている論文もあります。[原注26] 初期の研究は、内分泌攪乱効果を過少評価するようにデザインされていると言っている論文もあります。[原注27] ホルモン攪乱効果を小さいと結論づけた論文でも、蓄積効果が起こり得ると指摘しています。[原注28]

実のところ内分泌攪乱物質は、量が多くても少なくてもホルモンにおかしな影響を与えるのです。毒物の毒性について、昔から右上がりのグラフがよく説明に使われます。多くの毒物にさらされるほど、症状が重くなるというものです。ところがホルモン様物質に関しては、影響が出ないと思われていたような少量レベルでグラフが逆U字型になります。[訳注5] ――暴露量が多くても少なくても、影響が出るということです。ホルモンシステムはフィードバックを繰り返して、常にホルモンの量を体の必要量にあわせて調節しているからです。内分泌攪乱物質を長年研究しているミズーリ大学教授フレデリック・フォム・サール博士が言うように、「性ホルモンは、量が多い場合と少ない場合では正反対の働きをする。……量が多い場合は反応を打ち消し、量が少ない場合は反応を刺激する」[原注29]のです。

下水処理場を調べていた研究者たちがたまたま発見した問題は、ここ数十年でたくさんの研究論文を生み出しました。これで、フレグランス成分の中に自分で作り出したものだと生物に勘違いさせてしまう物質があると、おわかり頂けたと思います。問題は、それが悪いことなのかどうかということなんです。

訳注

訳注1　体に取り込んだ化学物質が、体内で代謝され化学変化を起こして体外に排出されたもの。

訳注2　オビーソゲン（obesogen）とは、ニコチン、ブドウ糖果糖液糖、ヒ素など、人間の体内で脂質代謝を阻害する物質の総称。
訳注3　卵胞ホルモンとも呼ばれる。
訳注4　植物が作り出す内分泌撹乱物質の総称。植物が草食動物の過剰繁殖に対抗し、オスの繁殖能力を弱めるために生成する物質。
訳注5　フレデリック・フォム・サールが一九九七年に報告した、いわゆる逆U字効果。それまで無作用と考えられていた低濃度の領域で、影響が最大になることを示した。

第十一章　意外な結果

Unintended consequences

　ホルモン様化学物質の動物実験をしても、動物が特に病気になるわけでも、神経にダメージを受けるわけでも、がんになるわけでもありませんでした。ところが、実験室の外の世界でおかしなことが起きていたのです。そしてそれを最初に発見したのは、やっぱり下水処理の研究をしている人たちでした。下水処理場の下流に生息する魚や貝（イガイ）などの水生生物のオス・メスの区別に異常が生じていたのです。異常が出るのは生殖器であることが多く、その現象を研究者たちは「インポセックス（imposex）」と呼びました。片方の性別の個体が、もう片方の性別の生殖器の特徴を持つことです。オスは「メス化（feminized）」、メスは「オス化（masculinized）」していました。オスとメスの比率はねじまがり、どちらかの性別が異常なほど多くなっていました。生殖器の異常はオス・メス両方に見られました。ときには奇形と言っても良いほど生殖器が肥大した、超メス（superfemales）と呼ばれる現象が発生していました。[原注1]

　魚ではなく哺乳動物で、こうした化学物質の研究をする科学者も出てきました。ラットなどを使った動物実験で、一つのパターンが見えてきました。大人のラットをホルモンに似た化学物質に暴露させても、たいした問題は起きませんでしたが、その子孫に問題が生じたのです。まだ子宮の中にいるオスのラットをエストロゲンのマネをする化学物質に暴露させたところ、かなりの割合で性器に異常が発生しました。停留精巣[訳注1]、尿道下裂[訳注2]、肛門性器間距離の短縮などです。[原注2]

　この種の異常――症候群――の発生の根底には、ホルモンと関係した何かのパターンがあるのではないかと、研究者たちは考えました。具体的に言うと、オスのラットの発達の最中に、男性ホルモンが十分に届かなかったのではないかと考えたのです。そして「この症候群は胎児のときにアンドロゲン（別名、男性ホルモン）の作用が減少したことに起因する」ことをエビデンス（証拠）が示していると結論づけています。[原注3]

　この結論に至ったのは、一つにはアンドロゲンが引き金となって精巣が陰嚢に降りてくることがわかっているからでした。アンドロゲンが届かないと、精巣が降りてこないことがあるのです。[原注4] 尿道下裂が胎児のときに分泌される男性ホルモンと大きく関わっていることもわかっていました。[原注5] そしてその研究では、肛門性器間の距離の短縮は、胎児のときに十分に男性ホルモンが届かなかったからだということも示されています。[原注6]（メスのラットはオスのラットよりも肛門性器間が短いのです。――だからラットが赤ちゃんのとき、肛門と性器の間の長さを見ればオスかメスかわかります。このことから、オスのラットが何らかの「メス化」をした可能性があると、研究者たちは考えました）。

これらのことからわかるのは、子宮内で男性ホルモンや女性ホルモンのバランスが乱されると、男性的な器官の発達が邪魔される可能性があるということです。この発達阻害が示す特有のパターンは、「不完全雄性化」と呼ばれる状態が外観に現われたものであると多くの研究者は考えています。要するに、発達の重要な段階で、胎児がどちらの性別の性器を作れば良いかについて、男性ホルモンや女性ホルモンから受け取る情報が混乱してしまったということです。

二一世紀初頭までに、この問題を研究する人がものすごくたくさん現われて、問題自体が有名になったために、ホルモンをマネする化学物質に「ジェンダー・ベンダー」[訳注3]という冗談みたいなニックネームまでつけられるようになりました。この問題は多くのことが未解明ですが、一つだけはっきりしていることがあります。このホルモンをマネする化学物質は、無害な物質ではないということです。その影響は深刻なものです。――少なくとも、イガイ、魚類、ラット、そして試験管に入れられた人間の細胞のちっぽけなかたまりには、そうでした。でもこれらの研究には、大きな問題が一つありました。人間そのものに対しては行なわれていないことです。

二〇〇一年のドイツでの研究は、そうした化学物質のことがわかり始めたばかりの頃に、人間に対する影響を知る手がかりとなりました。ハイデルベルク大学病院産婦人科で内分泌疾患[訳注4]の治療を受けている患者の血液を調べたところ、九〇パーセントに少なくとも二種類の合成ムスクが見つかったのです。合成ムスクの血中濃度が高い女性ほど、内分泌疾患の症状が重いことがわかりました。その研究をした人たちは、合成ムスクが「(上位中枢)視床下部[訳注6]─卵巣系[訳注5]の阻害因子として中心的に作用している可能性がある。……NMC(ニトロムスク)の生殖毒性と内分泌効果は無視できないものである」と考えました。[原注7]つまり、合成ムスクがホルモンシステムに影響を与えて、女性の内分泌疾患や生殖器の疾患を引き起こしている可能性がある、ということです。

普通にホルモンを分泌してシグナルを送ろうとしていた人間の体が、エストロゲンと勘違いしてしまう物質を大量に取り込んだとしたら、どうなるのでしょう? 何かの物質がテストステロン[訳注7]の働きを邪魔したとしたら? ラットの実験では、大人にはたいしたことは起こらず、子宮の中の赤ちゃんには起こりました。人間の赤ちゃんの血液は、生まれるまでの間、お母さんと共有です。血液を通して赤ちゃんの体に入ろうとする毒は、胎盤が食い止めます。でも、すべてというわけにはいきません。お母さんがたくさんのフレグランス製品を使っていると、お母さんの皮膚や肺や消化器を通してその成分が体に吸収されて、血液を通って赤ちゃんの体にちょっと入ってしまいます。一方、赤ちゃんの体は次々と劇的に変化しています。なにしろたった二つの細胞のかたまりだったものが、九カ月後には人間にならなければならないのです。この変化の多くは、ホルモンがコントロールします。もしホルモンのシグナルが邪魔されれば、赤ちゃんの発達もまた、邪魔されるリスクが高くなるでしょう。

基本的な例として、赤ちゃんが男の子になるか女の子になるかという話をしましょう。人間の胎児は、はじめはみんな女の子です。発達の途中の段階で、半数ほどが男の子として発達するようにシグナルを受け取ります。そのシグナルとは、「男の子になれ」ホルモンです。そのホルモンは「男性プログラミング・ウィンドウ」と呼ばれる短い期間に受容体に受け取られなければなりません。「男の子になれ」が正確に実行されるためには、適正なタイミングで適正な量のホルモンが受け取られなければなりません。

問題は、フレグランス成分の中に男性ホルモンを邪魔するものがあることです。邪魔されると、本物のホルモンが受け取ってもらえなかったり、タイミングや量が適正でなくなったりします。もっと困るのは、邪魔されている最中に女性ホルモンでシステム内がいっぱいになっている場合です。男の子ホルモンが少ししか届かない上に、女の子ホルモンがあふれているのです。当然ながら、発達中の赤ちゃんは、どんなメッセージが来るのか知りません。男の子ホルモン、女の子ホルモン、どっちの言うことを聞けば良いの？

先にお話したように、ラットの実験では、女の子ホルモンがたくさん入り込むと男性器の発達が特異なゆがみ方をします。精巣が降りてこない、尿道口が間違った場所についてしまう、性器と肛門の間が短くなってしまう、という風に。

そんな異常をわざと起こそうと思っても、なかなかできるものではありませんよね。ところが、かつて実際に、人間の胎児に対してまさにそういう異常が発生するようなことが大規模に行なわれたのです。一九四〇年頃から三〇年ほどの間、世界中で何百万人もの女性が、流産を防ぐためにＤＥＳ（ジエチルスチルベストロール）という薬を投与されたことがありました。ＤＥＳは、合成エストロゲンです。つまり、ＤＥＳを投与された人の赤ちゃんは、子宮の中で発達している最中に、お母さんが作り出すエストロゲン以外の大量のエストロゲンをお見舞いされたのです。この赤ちゃんたち、そしてそのまた子どもたちは、思いもよらない人体実験を研究する機会を与えてくれました。場合によっては、悲劇につながりかねませんね。人間の胎児が必要以上にエストロゲンを浴びると、何が起こるのでしょう？

「DESサン」——DESを投与された女性の息子たち——には、自然に発生するより多くの停留精巣が発生します。[原注8] 尿道口の位置の異常の発生率も高くなります。[原注9] 世代がさらに進んだ「DESグランドサン（孫）」には、尿道下裂障害のリスクが高くなります。[原注10] つまり、過剰なエストロゲンに暴露した人間に起こる異常のパターンは、ラットに見られた異常のパターンと似ているということです。

こうした症例の原因を特定するために、肛門性器間の短縮が生じた男の子の調査をした研究者グループがありました。その結果、その男の子たちのお母さんの血液中に、エストロゲンをマネする物質が高いレベルで検出されたのです（この研究で対象となったエストロゲン様物質は、フレグランス成分にも使われるDEPなどのフタレートです。そしてこの研究で問題にされたDEPは、動物実験のように非現実な量ではなく、現実の世界で見られる量でした）。研究の結果は次のようにまとめられました。「環境中に見られるレベルのフタレートに出生前に暴露することが、ヒトの男性の生殖器の発達に有害な影響を及ぼすという仮説が、これらのデータによって裏づけられた[原注11]」。

アンドロゲン——男性的になるホルモン——のレベルが正常値より低かった男の赤ちゃんについて行なわれた研究もあります。その研究では、赤ちゃんのお母さんの血液中に高いレベルでエストロゲン様化学物質フタレートが見つかっています。まるで女性ホルモンが男性ホルモンの働きを打ち消してしまったような感じでした。「この研究でわかったことは、男児が出生前にフタレートに暴露した結果、男性化が不完全になるという近年のヒトに関する研究データと一致するものである」と研究グループは論文に記しています。[原注12]

こうした研究は、人間の男性が発達している最中に余分なエストロゲンが体の中に入ると、性別をねじまげる働きをする、という考えを裏づけるものです。この影響は「精巣形成不全症候群」——性器の発達異常――と呼ばれています。[原注13] この問題は、停留精巣のようにすぐに目に見える症状だけとは限りません。赤ちゃんの体の奥深く、生殖に関する基本的構造が子宮の中で取り違えを起こして、何十年もあとに問題となるような状況を招く準備が着々と進んでいるかもしれないのです。

前立腺がんは内分泌疾患です。前立腺にアンドロゲン（男性ホルモン）が過剰なために起こります。主な治療法は、アンドロゲンを減らすことです。

では、その過剰なアンドロゲンはどこから来たのでしょうか？　出所の一つは、一見矛盾するようですが、エストロゲン（女性ホルモン）かもしれないのです。ラットの実験の結果、前立腺の発達段階で過剰なエストロゲンに暴露すると、のちに前立腺がんになるリスクが高まることがわかっています。[原注14]

こうした研究をしている人たちは、その理由について次のような仮説を立てています。男の子が子宮の中にいるとき、前立腺は一定数のアンドロゲン受容体を作り出します。それで、大人になってから精子を作るなどの男性的なことができるようになります。ところが前立腺の発達途中で余分なエストロゲンが大量になだれ込んでくると、パニックを起こしてしまいます。ああ、女性ホルモンがこんなに来た！　大変だ、急いで男性ホルモン受容体をもっと作らなきゃ！　たぶん、余分なエストロゲンに対抗するために、アンドロゲン受容体をたくさん作ろうとするのでしょう。

（人間にも同様の影響があるだろうと考えた上で、マウスで行なわれた）ある研究で、胎児のときに暴露するエストロゲンが五〇パーセント増加すると、アンドロゲン受容体は二倍になることがわかりました。この影響は一生変わりませんでした。――マウスが大人になっても、正常なマウスよりアンドロゲン受容体の数が多く、前立腺は大きいままでした。[原注15]

アンドロゲン受容体が通常より多いと、大人になったとき前立腺がアンドロゲンでいっぱいになっています。前立腺がんはアンドロゲンが大好きです。アンドロゲン受容体が多いほど、がんにとっては嬉しい環境になります。

子宮内の赤ちゃんが余分なアンドロゲン受容体を作る原因となる余分なエストロゲン（エストロゲン様化学物質）の出所は、いろいろ考えられます。お母さんが食べた野菜の残留農薬かもしれません。お母さんがプラスチック容器に入れておいた料理を電子レンジでチンすれば、さらに暴露量が増えるでしょう。お母さんがフレグランス製品を使っていれば、さらにさらに暴露することになります。良い香りのムスク、紫外線吸収剤、そしてＤＥＰなどを含有しているからです。

こうした余分なエストロゲン様物質は、その後の人生で発症したがんと関係があるのでしょうか？　一人一人について、がんを引き起こす原因になったかどうかを判断することは誰にもできません。――人の一生には変数があまりにも多すぎて、これがただ一つの「原因」だと言うことは不可能です。それでも発達段階におけるエストロゲン暴露と前立腺がんとの関連を示す研究はどんどん登場していますし、二つが関連するメカニズムの説明は、納得のいくものです。そう考えれば、妊娠中の女性は予防原則[訳注8]をとって、ジェンダー・ベンダーのもとになるものは――合成フレグランス成分を含め――、できるだけ避けるのが賢明と言えそうですね。

男性のがんの中で最も多いのは前立腺がんです。[原注16]そして女性に最も多いのは乳がんです。ほぼ八人に一人の女性が、生涯を通して乳がんと診断されるリスクを持っています。[原注17]

乳がんのすべての原因がホルモンというわけではありませんが、三分の二以上はホルモンがもとになっています。ホルモン由来の乳がんは「エストロゲン受容体陽性」と呼ばれます。[原注18] 進行するかどうかはエストロゲン次第ということです。エストロゲン受容体陽性乳がんに対する化学療法の一つに、タモキシフェン投与があります。タモキシフェンは、エストロゲン受容体をブロックする薬です。

二〇一一年に乳がんのリスクに関してEUの委員会が出した結論に、多くの研究者が注目しました。その結論とは、「(女性の) 生涯を通じて、乳房における感受性の強い構造にエストロゲンが多く届くほど、全体的なリスクが高まる」というものでした。[原注19]

はからずもDESの人体実験となったケース——流産の防止のために女性にエストロゲン剤を投与したこと——は、女性のがんに関しても貴重な情報源となりました。DESマザー——DESを投与された大人の女性——は、投与されていない女性に比べて乳がんになる率が高いことがわかったのです。DESドーター——子宮内にいたときにDESに暴露した女性——も、乳がんのリスクが高いことがわかりました。[原注20]

DESドーターは、腺がん[訳注9]という珍しいがんを発症するリスクも非常に高い(約四〇倍)のです。膣や子宮頸部に前がん細胞ができるリスクも通常より高いそうです。子宮体部や子宮頸部の形や構造に異常が見られることも多く、不妊や流産・死産などさまざまな問題を抱える傾向にあります。[原注21] (こうした予想外の問題が発見されたのは、DESがはじめて処方されてから約三〇年後のことです。そして一九七一年以降、DES剤が妊婦に投与されることはありませんでした)。

ホルモン補充療法 (HRT: Hormone Replacement Therapy) も、善意が裏目に出て人体実験となってしまった例です。HRTは、女性のホルモンレベルが変化する更年期の症状を軽減するために考えられた治療法です。HRTでは、エストロゲンなどのホルモン剤が投与されます。DESと同じように、余計な女性ホルモンをたくさん投与することは、良くないことだとわかりました。

一九九一年、一万六〇〇〇人以上の中高年の女性を対象とした大規模な調査がアメリカで開始されました。女性を二つのグループに分けて、一方にはHRTを行ない、もう一方にはプラセボ（ニセ薬）を投与しました。ところが影響があまりにも大きかったために、倫理的理由で調査期間の途中で中止になりました。HRTを受けた女性は、受けていない女性に比べて浸潤性乳がんにかかった人が多かったのです。[原注22] イギリスで行なわれたミリオン・ウィメン・スタディ[訳注10]というプロジェクト[訳注11]でも、同じような調査が行なわれ、HRTに関する結論が正しいことが確認されました。二〇〇三年に医学雑誌『ランセット』で発表されたこの研究は、「現在行なわれているHRTは、乳がんの発病および致死のリスク増加と関連がある」とはっきり結論づけています。[原注23] こうした研究の結果が発表されると、多くの女性がHRTを中止しました（その数年後、HRTが続けられていれば受けていたかもしれない中高年女性の間で、乳がんの増加が一時的に止まりました）。[原注24]

内分泌撹乱物質に関する研究を幅広くレビューした論文は、最近の研究が「キセノエストロゲンを含むすべてのエストロゲンが乳がんのリスクを高める可能性があるという説をさらに裏づけた」と結論づけています。[原注25]

前立腺がんと同じように乳がんについても、エストロゲンがどのようにリスクを増加させるか、まだ完全にはわかっていません。でも理論的にこうだろう、という学説はあります。子宮内にいるときに過剰なエストロゲンに暴露したことと関係があるとする説です。

女の子が子宮の中で育っているとき、ある時点でエストロゲンのシグナルを受け取って、終蕾（しゅうらい）と呼ばれる乳管の成長点を作り始めます。[原注26] この蕾（つぼみ）は、思春期に大人の乳房へと花開きます。完全に成長した乳房のエストロゲン受容体は、この終蕾の中にあります。

妊婦が大量のエストロゲンまたはエストロゲン様物質に暴露すると、お腹の中にいる女の子には通常よりたくさんのエストロゲンが届きます。終蕾の形成のきっかけとなるのがエストロゲンです。そして終蕾は乳がんと関連しています。ある研究によれば、「欧米の女性の乳がんの大多数は、終蕾から発生している。終蕾の細胞にはエストロゲン受容体があり、乳房の発達時期に最もエストロゲンへの感受性が強くなる」ということです。[原注27]

もちろん、フレグランス成分と乳がんとを直接結びつけることはできません。でも最も多い上に、まだまだ増え続けている乳がんは、エストロゲンと関連しています。そして、フレグランス成分などの環境中の化学物質のせいで、私たちは余分なエストロゲン様物質を体の中に取り込んでいます。この二つの事実は、関連がないかもしれません。それでもエストロゲン様化学物質はできるだけ避けた方が賢明ということは言えるでしょう。

性ホルモンと関係のある病気は、前立腺がんと乳がんだけではありません。男性の内分泌疾患について言えば、エストロゲンと精巣がんとの関連を示す研究もあります。「母親が妊娠中に外因性エストロゲンに暴露した場合、その出産する男児に重大なリスクが生じる」とする研究があります。[原注28] その後、別の論文でその関連の生物学的経路について説明が行なわれました。[原注29] エストロゲンは、男性の不妊に結びつく精子の質の低下とも関係があります。[原注30] 女性に関しては、エストロゲンの異常で乳がんの恐れがあるだけでなく、思春期早発症、不妊、流産・死産、多嚢胞性卵巣症候群、[訳注12] 子宮内膜症、[訳注13] 子宮筋腫、卵巣がん、そしてホルモン依存の子宮内膜がんなどのリスクがあります。[原注31]

女性にも男性にも、こうした病気はみんな、この数十年間で増え続けています。これらの病気に関するデータを調べた論文は、前立腺がんについて「近年、ヨーロッパのすべての国（前立腺がんがもともと多いオランダとオーストリアを除き）で劇的に増加している」と結論づけています。[原注32] 精巣がんに関する論文をレビューした研究グループは、若い男性に精巣がんが「説明がつかないほど大発生している」と言っています。[原注33] 精子の数も、特に若い世代で低下していて、不妊につながっています。「精子数が異常に少ない男性が六人に一人以上いる」ということです。[原注34] 停留精巣も増加しています。[原注35] 尿道下裂も増加しています。西オーストラリア州で行なわれた研究では、尿道下裂はこの二〇年で年に二パーセントずつ増加し続けていて、現在では新生児二三一人に一人が尿道下裂だということです。[原注36]

乳がんについては、一般の人の関心も高くなって検診を受ける人も増えていますが、それでも目を見張るほど増加しています。オーストラリアでは一九八二年に乳がんと診断された人は五三六八人でしたが、二〇一一年には一万四五六八人になりました。同じ時期の年齢調整罹患率[訳注14]は、一〇万人中四四人から六〇人に増加しています。[原注37] 中でも、エストロゲン受容体陽性の乳がんが最も増加しています。ホルモン依存性と非依存性の乳がんの増加を比較したアメリカの論文によれば、研究対象とした期間を通じて「ホルモン受容体陽性の腫瘍の割合が増加し、陰性の腫瘍の割合は減少している。……アメリカにおける乳がん発病率の増加は、主にホルモン受容体陽性腫瘍の増加の結果と思われる」と結論づけています。[原注38]

早発思春期、[原注39] 卵巣がん、そしてエストロゲン依存性の子宮内膜がんといったエストロゲン関連疾患も、ここ数十年で増えています。[原注40]

こうした病気が増えていることが、フレグランス成分の中の内分泌撹乱物質だけのせいだというわけではありません。フレグランス成分は内分泌撹乱物質の発生源の一つにすぎません。いずれにしても、ホルモン異常がなぜ増加しているのかについて、研究がまだまだ不足しています。でも懸念を示す科学者は、たくさんいます。懸念とはつまり、こうした病気の増加のスピード、そして場合によってはどの地域で発生しているかということも考えあわせると、環境因子が大きな役割を果たしているとかなりはっきり言えるのではないか、ということです。そしてフレグランス成分の中の内分泌撹乱物質は、今や環境中のどこにでも存在し、増加し続けています。

合成ムスクと内分泌疾患との関連を示したハイデルベルク大学病院の研究から一〇年が経過し、その間にもこの問題に関するたくさんの研究発表がありました。そんな中、EUは業界や政府から独立した科学者を集めて、内分泌撹乱物質に関するすべての研究のレビューを委託しました。報告書は二〇一一年に発表されました。タイトルは『内分泌撹乱物質科学の最新評価』といいます。[原注41] 五〇〇ページ近くもある、この分厚い報告書を一文にまとめるとすれば、こんな風になるでしょうか。「確かなことが言えるほどデータはそろっていないが、ホルモンの働きについて私たちの知っていることと、今手に入るデータから考えて、内分泌撹乱物質は私たちにダメージを与えていると言えそうだ」。

アメリカでも、消費者の安全に対する懸念が高まっています。二〇〇九年頃、大統領直属の独立政府機関である消費者製品安全委員会が慢性有害性諮問委員会（CHAP: Chronic Hazard Advisory Panel）に、フレグランス製品に使用される内分泌撹乱物質DEPの健康影響に関する評価を諮問しました。CHAPはDEPに関するすべての研究論文を詳細に分析しました。二〇一四年に発表された報告書は、「DEPへの暴露はヒトの生殖器や（生殖器以外の器官の）発達に影響を与える可能性がある。……ヒトへの有害な影響は、現在の暴露レベルで生じていると（諸論文が）示している。したがって、暴露量の削減、特に妊婦および妊娠可能な世代の女性の暴露量削減のための方策を緊急に策定する必要がある」と結論づけています。[原注42]

ひょっとして、こういうことを言う科学者は騒ぎすぎなのかしら？　こんなこと、心配する必要ないんじゃない？　ホルモン様物質なんて、ほんのちょっとしか体に入らないんだから、影響なんてたいしたことないんでしょう？

要は、どのくらい少なければ安全か、どのくらい毒性が弱ければ安全か、時間がたつとどうなるのか、が問題なのです。仮にエストロゲン様物質の影響が小さいとしても、何年もの間、毎日のように何種類も何度も暴露したら、将来的に健康に影響が出るかもしれません。そしてこれまでにお話したように、ホルモンはほんの少しの量でも大きな影響を及ぼすことがあります。どのくらい少なければ安全か、どのくらい毒性が弱ければ安全か、長期的な影響とはどんなものかという問いには、まだ誰も答えを持ちあわせていないのです。

もう一つわかっていないことがあります。私たちがそういう化学物質に、日々どのくらい暴露しているのかということです。発がん性物質がどこに潜んでいるかわからないように、フレグランス製品に合成ムスクが入っているのか入っていないのか、私たちにはわかりません。「パルファム」である合成ムスクは、成分をラベルに書く必要がないからです。そして合成ムスクがたくさん入っているものの一つ、洗剤は、企業秘密という隠れみのを使う必要すらないのです。洗剤はフレグランス成分の使用の有無を表示する義務がないのですから。[訳注15]

内分泌攪乱物質は、五〇年前の喫煙がそうだったように、化学の研究にとって新しい分野です。それでもフレグランス製品を売っている人たちは、内分泌攪乱物質に関する研究に注目していて、ときには法的にまだ義務づけられてもいないのに対応することがあります。

二〇〇八年、ザ・ボディショップ[訳注16]は、健康への影響が懸念される古いタイプの合成ムスク（ニトロムスクと多環状ムスク）の使用をやめて、新しいタイプ（大環状ムスク）に切り替えると発表しました。そして二〇一〇年までにはニトロムスクと多環状ムスクの使用を完全に中止しました。同社は「たとえそれらの成分の使用が合法で、化粧品業界やそれを監督する業界団体が安全だと考えていても、……私たちは予防原則を採用した[訳注17]」と言っています。同社は二〇〇八年の終わりまでに、DEPを含む四種類のフタレートの使用も中止しました。ムスクに関しては、ホームページで、動物の権利を尊重するために現在は動物由来ではなく合成ムスクだけを使用していると言っています。でも、何種類もあるムスクのうちどれを使用しているのか、具体的には何も書いてありません。[原注43]

先にお話したように、二〇一二年にジョンソン・エンド・ジョンソンは、赤ちゃん用製品から二つの発がん性物質を取り除くと決めました。また、すべての赤ちゃん用製品にフタレートを使用しないことも決定しました。二〇一五年までにそれらの措置がすべて完了したと同社は発表しています。[原注44]

こうした企業は、科学的研究の結果に応え、消費者の関心の高まりにも応えたというわけです。私たち消費者は「ホルモン剤不使用」の鶏肉や牛肉を求めているし、食品用フィルムラップやミネラルウォーターのプラスチックボトルにエストロゲン様物質であるビスフェノールA[訳注18]が使用されていないと書いてあれば、ああ良かったと思いますよね。でも洗剤——昼も夜も皮膚と接触している——やパーソナルケア製品のフレグランス成分由来で体に入ってくる内分泌攪乱物質の量を考えると、私たちはもっともっと大きなリスクを見落としていると言えるかもしれません。そして結局のところ、はっきり言って内分泌攪乱物質を避ければ避けるほど、あなたのホルモンは攪乱されずにすむのです。

訳注

訳注1　陰嚢の中に精巣が入っていない状態。
訳注2　尿道口が陰茎の先端ではなく、側面（睾丸側）にある状態。
訳注3　外見や行動を、反対の性別に見えるようにしている人。
訳注4　ホルモンのバランスが崩れることで起こる疾患。
訳注5　内分泌機能は複数の器官が制御機能を持つ一つのまとまった働きをしており、それぞれが一つの系を構成している。視床下部─卵巣系はその系の一つ。視床下部は、性ホルモンなど、内分泌機能をコントロールする脳の部分。
訳注6　生殖器の形態や機能の異常、胎児への毒性などの総称。
訳注7　男性ホルモンの一種。アンドロゲンに属するステロイドホルモン。
訳注8　化学物質の安全性などについて、科学的に証明されていなくても予防のための行動をとるべきであるという考え方。
訳注9　さまざまな臓器の分泌腺に発生するがん。
訳注10　非浸潤性はがん細胞が発生場所に留まっているのに対し、浸潤性は近くの組織や全身に転移の可能性のあるもの。
訳注11　オックスフォード大学のチームによる、五〇歳以上の女性一〇〇万人以上を対象としたＨＲＴと乳がんに関する調査。
訳注12　卵胞が発育するのに時間がかかって、なかなか排卵しない病気。
訳注13　子宮の内側にしかないはずの子宮内膜が、子宮以外の場所（卵巣や腹膜など）で増殖と剥離を繰り返す病気。
訳注14　がんの罹患率は年齢が上がるほど高くなる。年齢調整罹患率は年次推移を見るために、高齢化の影響を除去したもの。
訳注15　日本の家庭用品品質表示法でも、洗剤の成分表示に香料の使用の有無を表示することは義務づけられていない。
訳注16　イギリスの化粧品メーカー。化粧品の安全性確認のために動物実験をしないことなどで有名。
訳注17　大環状ムスクはニトロムスクに比べて人間への有害性が低く、多環状ムスクに比べて生分解性が高いとされている。
訳注18　ポリカーボネートやエポキシ樹脂などのプラスチックの原料。食品容器に使用すると内容物に溶出する恐れがあるため、日本の厚生労働省も乳幼児や妊婦に向け注意を呼びかけている。

第十二章　空気はみんなのもの

Sharing the air

フレグランスをこよなく愛する方々にとって、ご自分のお気に入りの香水は無上の喜びをもたらす麗しきものであり、極上のワインのごとく興味を掻き立てる奥深いものです。素晴らしい音楽のように、人生を豊かにしてくれます。自分にぴったりの香水を見つけることは、自分に自信を持つための大切な手立ての一つです。服を選ぶのと同じように、香水もまた自分を表現する言葉となります。自分が社会的な生き物であることを幸せに感じていると、外界に向かってアピールするためのさりげない合図です。雑踏の中にいても、香りのベールに包まれていれば、ささやかながらも自分の居場所を主張する手段になります。

ところがフレグランス製品で具合が悪くなる人たちにとっては、人生を翻弄する（そしてぶち壊す）暴君です。ほぼ間違いなく、外出のたびに苦しめられます。買い物に出かけても、バスや電車に乗っても、レストランで食事をしても、映画を観に行っても、仕事場でも、叔父さんのお葬式でも——どんな場所に出かけても、だいたい頭痛や呼吸困難に見舞われます。合成香料の匂いをプンプンさせている汚染源が、必ず一つはあるからです。強い香水やオーデコロンをつけている人がいなくても、芳香剤やアロマキャンドル、スーパーマーケットの洗剤売場の匂い、ヨガ教室のお香なんかが匂ってきます（お香が本物の乳香[訳注1]で作られていたのは、遠い昔です）。そうなると、仕事も勉強も手につきません——頭痛がしたり喉がゼーゼーいっていては、思考力も鈍りますからね。友だちと楽しくすごせるか、症状が出るか、外出そのものが一か八かの賭けになります。だから匂いで具合が悪くなる人は、数少ない安全な場所に行き、数少ない安全な人たちと会うだけなので、行動範囲が狭められます。フレグランス製品で具合が悪くなるなんて信じてくれる人はそういませんから、被害者はそのことでも傷ついて、二重の苦しみを味わうことになるのです。

具合が悪くなるような汚れた空気ではなく、きれいな空気を吸う権利を誰もが持っています。では、好みの香りを手前勝手な方法で楽しむ権利は、どうでしょうか？　どちら側の人も、自分の権利の正当性を主張するでしょう。オーストラリアでは、対立する二つの権利の折りあいが、まだついていません。そもそもそういう問題が存在すること自体、あまり知られていません。でもデトロイトの公務員スーザン・マクブライドは、この対立に決着がつくことを教えてくれました。フレグランス製品で具合が悪くなる人はどんどん増えているのですから、いつまでも権利を主張しあっていないで、どこかで折りあいをつけなければなりませんよね。

フレグランス製品の被害の話に、受動喫煙が引きあいに出されることがあります。どちらも、根本的な生物学の問題です。空気中に漂っているものを吸い込みたくないと思ったって、漂っている以上、私たち生物は吸い込むしかありませんからね。

三〇年前まで、私たちは喫煙者と非喫煙者の権利のぶつかりあいを、とても単純な方法で片づけていました。非喫煙者の権利を否定する。それだけです。オフィスも学校の職員室も、お昼どきまでにはタバコの煙で、あたり一面真っ白になっていました。映画館でもレストランでも、飛行機の機内でさえ、タバコが吸えました。副流煙を吸いたくない人にとっては、ひたすら悲惨な状況でした。

やがて二つのことが、この状況をガラリと変えました。まず、受動喫煙の危険性が医学的に証明されたこと。一九八〇年代までには、タバコの害について議論の余地がなくなっていました。他人のタバコの煙を吸うことは、自分で喫煙するのと同じくらい害があると認知されたのです。もう一つの大きな変化は、職場でのさまざまな危険から働く人たちを守る法律が、多くの国でできたことです。今、雇用者は労働者のために安全な職場環境を整える義務があります。安全な空気もその一つです。[訳注2]

受動喫煙が議論の余地なく危険となったために、雇用者には労働者を受動喫煙から守る義務が生じました。[訳注3]唯一の方法はあらゆる職場での喫煙を禁止することで、それを実効性のあるものにするには法律を作ってしまうことでした。

一方、職場で喫煙が禁止されている国々でも、喫煙そのものは違法ではありません。愛煙家がタバコに火をつける権利は、認められています。自分の健康を害することは認められているのです。——他人の健康を害することが許されないだけです。禁煙に関する法律もしょせんは妥協の産物ですから、喫煙者と非喫煙者の両方を利する完璧な解決策ではありません。タバコが吸いたければ、ビルの出入り口付近で肩寄せあって吸うか、帰るまで我慢して家で吸えば良いわけです。そしてとなりの家の人がバルコニーでタバコを吸っていて、煙があなたの寝室にまで流れ込んでくる場合、あなたは耐えるしかありません。相反する権利の折りあいをつけなければ、本当の解決とは言えませんよね。

たいていの人は、フレグランス製品がタバコと同じ扱いを受ける世の中が来るなんて、なかなか想像できないでしょう。でも一九六〇年には、喫煙を禁止するなんてバカげた考えでした。将来、公共の場所で喫煙が禁止されるだろうなんて言うのは、頭のイカレた人だけでした。でも時代が進んで、頭のイカレた人の考えが、ノーマルな発想となったのです。

スーザン・マクブライドの勝利は、すぐさまアメリカ中に影響を及ぼしました。一週間もたたないうちに、デトロイト市役所はすべてのオフィスでフレグランス・フリー・ポリシーを採用しました。別の役所もその動きに呼応しました。「化学物質汚染の発生源（Chemical Contaminant Sources）」のリストにフレグランス製品を加えている疾病管理予防センター（CDC: Centers for Disease Control and Prevention）[訳注4]は、すべてのオフィス——全米に何十カ所もあって一万五〇〇〇人もの人が働く——を二〇〇九年にフレグランス・フリーにしました。[原注1] 数千人が働くアメリカ国勢調査局も、同じ年にフレグランス・フリー・ポリシーを採用しました。その他、アメリカ中の企業、学校、大学、病院などなど、公共・民間を問わず、オフィスの大小を問わず、多くの職場が同じような措置をとりました。劇場や教会にも、フレグランス・フリー・ゾーンを施設内に設けているところがあります。[原注2]

フレグランス・フリー・ポリシーは多くの人の支持を得ています。最近の調査によれば、職場がフレグランス・フリーになるとしたら賛成すると回答した人は五三パーセント、反対の人は二〇パーセント以下でした。つまり賛成の人は反対の人の二・七倍もいるということです。[原注3]

アメリカでフレグランス・フリー・ポリシーが採用されるにあたって、やり方を一から考える必要はありませんでした。——おとなりのカナダにお手本があったからです。ノバスコシア州ハリファックスのクイーン・エリザベスII病院では、三〇年近くも前の一九九一年に、看護士たちが患者と職員自身のために院内をフレグランス・フリーにしました。[原注4] カナダではその他の病院、企業、学校、大学、そしてコンサート会場でも同じようなポリシーを採用しています。バンクーバー国際空港は、免税店街に「フレグランス・フリー・ルート」を設けています。[原注5]

カナダの障害者に関する法律では、「化学物質過敏症（environmental sensitivity）[訳注5]」がちゃんと障害に含まれていて、その中にフレグランス製品で具合が悪くなる人も入っています。この問題を取り巻く現実と雇用者の義務について次のようにはっきりと定義しています。

化学物質過敏症の人は、「平均的な人」が影響を受けるレベルより低い濃度で環境中に存在する物質でさまざまな健康被害を受ける。この状態は、医学的には障害であり、化学物質過敏症の人は、障害による差別を禁止するカナダ人権法（Canadian Human Rights Act）の保護を受ける資格を有する。……他の障害を持つ人同様に、化学物質過敏症の人には法律によって配慮が求められる。[原注6]

北米には、次のようなCDCのフレグランス・フリー・ポリシーにならって、職場でのフレグランス・フリーを実行しているところもあります。

フレグランス製品や香りつき製品は、CDCが所有・賃貸するすべての施設内において、いかなるときも禁止される。以下の製品の使用がその対象となる。
○お香、アロマキャンドル、リード・ディフューザー
○香りを発するすべての器具……
○ポプリ
○プラグ・イン式芳香剤、スプレー式芳香剤
○トイレット・ブロック（小便器用・腰掛便器用）
○香りつき制汗剤、消臭剤……
さらにCDCは雇用者に対し、職場に向かうときにも、できるだけフレグランス・フリーに努めるよう求めている。労働環境にフレグランス製品は適切ではなく、香りつきの製品の使用は化学物質過敏症、アレルギー、ぜんそく、慢性頭痛・偏頭痛といった持病のある労働者の健康に悪影響を与える恐れがある。[原注7]

アメリカでフレグランス・フリーにしているオフィスの中には、マサチューセッツ看護師協会(Massachusetts Nurses' Association)が考案した次のような文言を掲示しているところもあります。「ようこそ。ここではフレグランス・フリーの医療環境を提唱しています。この施設を使う皆さんが健康で快適にすごせるように、どうぞフレグランス製品の使用をご遠慮ください[原注8]」。

アメリカでは人が集まるイベントの多く——特に結婚式、会議など——で、こんな呼びかけをしています。「この会議はフレグランス・フリーです。出席者の皆さんが会議に気持ち良く参加できるように、フレグランス製品の使用にご配慮ください。フレグランス製品には、香りのついたシャンプー、ヘアケア製品、洗濯用洗剤、制汗剤、エッセンシャル・オイル、香水などが含まれます」。

当然、こういったポリシーをおもしろくないと思う人もいますし、無視する人もいます。たぶん、フレグランス・フリーをうたっている職場でも、フレグランス成分がプンプン匂っていることがあるでしょう。でもどんな職場でも、こうしたポリシーを公にしてあれば、どうすれば良いかトコトン話しあうきっかけができます。雇用者の方も、訴えられた末に莫大な損害賠償を請求されることもあり得るとなれば、フレグランス・フリー・ポリシーが働く人たちのためにちゃんと機能する方法を考え出そうと思うでしょう。

オーストラリア労働安全庁は、わが国で安全な労働環境を守る政府機関です。その労働安全庁が、こんな風に言っています。「ビジネスを行なう個人・企業・組織は、労働者が危険な化学物質に暴露するリスクおよび空気中の汚染物質に暴露するリスクを排除する方策、排除が不可能な場合は最小限にするための方策を採用しなくてはならない[原注9]」。化学物質における「健康への有害性」とは、健康被害の原因となる恐れのある化学物質の性質のことである。暴露は通常、吸入、皮膚接触または経口摂取を通して起こる。健康被害には急性（短期間）と慢性（長期間）がある。典型的な急性症状には、頭痛、吐き気または嘔吐、皮膚腐食[訳注6]、慢性症状には、ぜんそく、皮膚炎、神経症状[訳注7]、がんなどがある。[原注10]

これまで見てきたように、フレグランス製品の多くはこうした健康被害を起こす恐れがありますよね。オーストラリアには、デトロイトのスーザン・マクブライドのような画期的勝訴をおさめた人はいません。でもオーストラリアの法律には差別禁止の観念が貫かれていますから、それを利用すれば勝訴できるかもしれません。オーストラリア人権委員会[訳注8]は、化学物質に敏感であること（sensitivity to chemicals）がアクセス権への障壁であると認めていて、「さまざまな施設で、建設中、メンテナンス中、営業中に用いられる化学物質に対して、敏感に反応すると訴える人が増加し続けている。つまり、化学物質に敏感な人たちは施設に事実上アクセスできないということである」と指摘しています。オーストラリアでは、差別を禁止する法律によって、施設やサービスへのアクセス権は基本的な権利として守られています。

アクセス権の問題を解決する義務に関する人権委員会の姿勢は明確です。「あなたが提供するサービスへのアクセスに対して障壁や格差があるとわかった場合、差別が継続することを避けるために、その障壁や格差はできる限り速やかに解消される必要がある」と言っています。[原注11]つまり、たとえばトイレに芳香剤が使われているためにぜんそく患者が中に入れなかったとしたら、差別を禁止する法律はそのトイレの所有者にその責任を負うように求めることができるということです。

フレグランス製品で具合が悪くなったオーストラリアの公務員「ジェーン・スミス」は、敗訴しましたが、もし別の人が優秀な弁護士を雇って裁判に臨めば、同じような裁判で勝てるかもしれません。そうなれば、すべてが変わるでしょう。

いいえ、もしかすると法律という奥の手すら必要ないかもしれません。フレグランス・フリー・ポリシー（自主性にまかせるだけであろうが、強制力がなかろうが）があるというだけで、大きな影響を及ぼせます。フレグランス・フリー・ポリシーの存在そのものが、基本的な――そして多くの人がはじめて耳にする――メッセージを伝えてくれます。あなたの使っているフレグランス製品で、具合が悪くなる人がいる、というメッセージです。そうすれば、ことは建設的に処理されます。「厄介な人たち」の問題ではなくなるのです。職場のフレグランス問題はよくある話になり、優秀な管理責任者がスタッフたちと共に、淡々と片づけることになるでしょう。

オーストラリア連邦政府のサービスであるワークプレイスOHSというホームページ[訳注9]には、アドバイス・フォーラムが開設されています。二〇〇八年三月、同フォーラムは、ある職場のOHS担当者から次のような質問を受けました。

職場で「個人によるスプレー使用の禁止」を実施することは可能でしょうか。私たちの職場にはぜんそく患者がいて、職場やトイレでの消臭スプレーの使用や香水の使用で、その人がぜんそく発作を起こします。全従業員に対して、スプレーを使わないように何度か呼びかけましたが、無視する人がいます。その人たちは、そのぜんそく患者をただのクレイマーと思っているのです。すべての従業員が快適でいられるように、そして職場環境からこうした健康を害する問題をなくすために、スプレー禁止の警告をする方法はありますか？

ワークプレイスOHSは、以下のように回答しています。

香水など、匂いのするものはすべて、頭痛、吐き気、めまい、上気道症状、皮膚刺激、集中力欠如の原因となり、労働者の健康に悪影響を及ぼす恐れがあります。さらに、アレルギーやぜんそくのある人が職場にいる場合、匂いによってはごく少量でも、症状を引き起こす恐れがあります。したがって、職場において香水やスプレーの使用の問題を解決することが、雇用者の最大の利益につながります。あなたの職場のぜんそく患者にとってのリスクを軽減するために、安全責任者と相談の上、空気汚染物質フリー、またはフレグランス・フリー・ポリシーに向けた対策を立てるべきでしょう。ポリシーが決まれば、すべての従業員に告知し、施設内に概要を書いた警告文を掲示することでポリシーを強化することができます。この方法によって、職場にぜんそく患者がいると従業員が気づくことにもなるでしょう。[原注12]

OHSアドバイザーの手を借りるまでもなく、今、香りを控えた労働環境を推進する動きがどんどん広がっています。キャンベラの政府庁舎では、仲間の職員のためにフレグランス製品は職場に持ち込まないように呼びかけるポスターを掲示しているところがあります。聖歌隊はメンバーにいつもフレグランス・フリーを呼びかけています。香水が喉を刺激すると、良い声が出ないからです。そして他の人の迷惑も考えずに強い匂いのする製品を使うのはやめようと、労働者自らが決める職場も増えています。最近では、強い香水の匂いをまき散らすことが他の人の空間を侵害することになると、わかってくれる人もたくさんいます。

生活の中の何もかもを、規制やポリシーで縛れば良いというものではありません。人間は社会的な生き物ですから、自分の行動が他人に影響を及ぼすとわかっています。そして人間は、エチケットとも言うべき行動規範を進化させてきました。たとえば咳やくしゃみをするときには、手で鼻や口をおさえます。物を食べるときは口を閉じるし、行列に割りんだりしないし、他の人がいるところでは音楽をヘッドフォンで聴くし、人前でなるべくオナラは我慢しますよね。

こんなことに、ルールも規制も必要ないでしょう。狭いところにひしめいている文明社会の大人だったら、お互いに遠慮しあって暮らすのがあたりまえです。他の人の空間を尊重したいですし、自分の空間を尊重してほしいですよね。バスの中でバグパイプを演奏してはいけないという法律はありませんが、あなたがもしバグパイプを演奏しなければ、きっと他の乗客から喜ばれると思いますよ。

訳注

訳注1　アフリカ原産のカンラン科の樹木フランキンセンス・ツリー（別名、オリバウム）の樹脂。古代エジプト時代から香料として用いられた。

訳注2　日本では、建築物衛生法の建築物環境衛生管理基準で、オフィス内のホルムアルデヒド濃度などの基準値が努力目標として掲げられている。

訳注3　日本では、健康増進法で「多数の者が利用する施設を管理する者はこれらを利用する者について受動喫煙を防止するための措置を講ずるように努めなければならない」となっている（二〇二〇年四月以降は、原則として多くの人が集まる施設や店舗で全面禁煙が義務づけられる）。

訳注4　アメリカ連邦政府の保健衛生機関。

訳注5　「環境中に存在する化学物質への感受性が高いこと」という意味だが、ここでは「化学物質過敏症」とした。

訳注6　強酸などで、皮膚に不可逆的な組織障害を起こすこと。
訳注7　うつや集中力の欠如などの症状。
訳注8　オーストラリア連邦政府が設置した、政府から独立の機関。
訳注9　ＯＨＳは労働安全衛生（occupational health and safety）の略。ワークプレイスＯＨＳは、企業に労働安全衛生法にもとづいた情報提供などをしている。

第十三章　フレグランスなんかいらない

The opposite of fragrance

フレグランス製品の健康影響のことを調べていて、あるときカナダのノバスコシア交響楽団のホームページに行きあたりました。よくある質問のコーナーに、こんなことが書いてあります。「当楽団のお客様の中に、重症の匂いアレルギーの方がいらっしゃいます。どうかオーデコロン、香水、ヘアスプレー、制汗剤のご使用をご遠慮ください！[原注1]」

ドン・ジョヴァンニについて私の感想を聞こうと、シドニー・オペラハウスの男性が電話してきたとき、私はノバスコシア交響楽団にすっかり勇気づけられていました。

「音楽はとても素晴らしかったんですよ」と私は言いました。「ただ一つの問題は、私の近くにいた女性です――その女性の香水のせいで、ひどい頭痛になったんです」。

電話の向こうの人は、長いこと黙っていました。きっと彼は目を白黒させていたことでしょう。あちゃー、変なヤツにかかっちゃったよ。

「本当に」と彼はようやく言いました。「香水が、ですか？」

「ええ、よそ様の香水で具合が悪くなる人はたくさんいるんですよ」と私。

「はあ、初めて聞きました」と彼。

「そうですねぇ」と私はこの上もなく優しい調子で言いました。「あまり口に出す人はいませんけどね、そういう人はたくさんいるんですよ。現に海外のオーケストラで、お客様にフレグランス製品を控えるように呼びかけているところもあるくらいですよ」。

「ああ、そうですか」と彼。どうも疑っているようでした。

「たとえばノバスコシア交響楽団とか」と私。「カナダのね。検索してみてください」。

「フレグランス製品を控えるように呼びかけている」と彼は言いました。これは疑問文ではありません。

自分は宇宙人にさらわれたと往来で主張している頭のおかしい人に向かって話すように、抑揚がありませんでした。

「そうです」と私は言いました。「会場に来るお客様に対してね。でも楽団員も、ですよ」。

「わかりました」と彼は言いました。「お話はこちらで記録に残させていただきます、グ・レ・ン・フ・ェ・ル様。ご意見ありがとうございました。──心より感謝いたします」。

電話を切ってから、彼のオフィスでは笑いが起こっただろうなぁと想像しました。今の電話の変なオバさんがさ、考えられないぜ、香水で頭痛がしたとか言ってやがんの！

笑いものになるのは、愉快なことではありません。やれやれ、こんなことは二度とご免だわ、と私は思いました。でも彼が今日これから、どんな風にすごすかと想像してみたのです。この笑い話をネタにして、仕事を終えた彼はパブで友だちと冗談を言いあうのかしら。家に帰って奥さんにも、同じ話をするでしょうね。だけど統計によれば、この話を聞く人の少なくとも一人は、フレグランス製品で調子を崩したことがあるはず。そういう人にこの話をしたら、その人はきっと彼にこんな風に切り出すんだわ。「ああ、香水って言えばさぁ……」。

プラネット・フレグランスは、ここ最近の現象です。一九六〇年頃より前に生まれた人はみんな化学的な意味で今とは全然違う世界で育ちました。芳香といえばお花から漂ってくるか、ドレッサーの上のめったに使わない小びんから匂ってくるだけでした。洗剤も粉石けんも、匂いなんかついていません。トイレットペーパーからは、紙そのものの匂いがするばかり。部屋の空気をリフレッシュしたければ、窓を開けます。トイレの悪臭を何とかしたければ、掃除します。お誕生日かクリスマスに、ローズ・ゼラニウムの香りの固形石けんや谷間の百合の香りの汗止めパウダーをプレゼントされることはあったかもしれません。――いずれにせよ、フレグランス製品はスペシャルなものでした。

なぜかというと、高価だったからです。一九三三年にジョイ[訳注1]が売り出されたとき、一びんのお値段は一週間分のお給料と同じでした。今では、どんな高級品だって一週間分のお給料をぜんぶ香水につぎ込む必要などありません。合成成分が、フレグランス界の経済状況を一変させました。ファンシーな容器を作る費用の方が、中身の液体より高いくらいです。広告宣伝費は、さらにその上を行くことでしょう。

ところが、フレグランス製品の値段が安くなっても、高級感は失われませんでした。――マーケティング担当者は、そこを見逃しません。高級感はあっても安ければ、私の母のように特別なときのために取っておくようなことは、もう誰もしません。それに今は小びんに入った高級香水だけがフレグランス製品ではありません。トイレットペーパーだろうがゴミ袋だろうが、何でもかんでもお花の香り、レモンの香り、森林の香りをつけて、それをあたりまえと思わせるような広告であふれています。香りは生活の重要な要素と言わんばかりです。

ヒゲ剃りあとの発がん性物質の話をしたルカ・トゥリン博士は、香水が芸術の域に達していると思っている人です。偉大な香水を嗅ぐことは、交響曲を聴くかのごとき壮麗な所業だと信じています。彼は人生をありとあらゆる香水に捧げました。でもその彼ですら、今の状況は行きすぎだと言っています。

「歓迎できない変化もある。音楽にたとえれば、シンフォニーからベルになってしまったような変化だ……。原因としては、⑴乱発しすぎること、年間に五〇〇個も作っている……。⑵合成香料を使うと利益率があがるので、処方は安上がりなものになってきた。つまり大手の香水会社が高価な天然香料を使うのは、ほかに方法がないときだけだ。(3)存在を主張するために大声になっている……」[原注2]。

彼ほどの熱烈な香水サポーターですら、香水をつけ忘れたからといって、バスから振り落とされるわけでも、オペラから追い出されるわけでもなく、むしろフレグランス製品を使うことがふさわしくない場合があるのだと、私たちが気づくよう願っているのです。「映画かお芝居を見に行く場合、一緒に行く人が何時間も隣に座らなきゃいけないのなら、何もつけないか、部屋の空気を少しはそのままにしておくような香水をつけるのが礼儀」[原注3]。彼は著書の中で、特に匂いの強烈な、ある有名香水の名前を出して、「絶対にディナーへはつけていかないでもらいたい」と言っています[原注4]。

強い香水をつけた女性は、確かに「それまでとまったく違うレベルの、他の人たちの注目」を集めるでしょう。オフィスの中やお店の中や通りを歩けば、何ものをも凌駕(りょうが)する匂いが周辺にたなびき、道行く人が振り返るのを見て満足するのかもしれません。彼女はその香りがいたくお気に入りで、そしておそらくは嗅覚疲労を起こしていますから、背後にいる人たちが目配せをしてこんな風に言っているとは想像もしないでしょう。「うひゃー、ひっでぇ臭(にお)い!」

フレグランス製品を使い慣れている人にとっては、使わない生活など想像するのも恐ろしいものです。じゃあ体臭が強い人はどうすれば良いの？　と言う人もいるでしょう。体臭が強い人の話をするなら、汗の匂い対策には芳香と限ったものでもないのです。今は、優れた無香料制汗剤がいくらでもあります。デトロイト市役所がフレグランス・フリー・ポリシーを発表してから何時間もたたないうちに、ある制汗剤メーカーが商魂たくましく役所の職員たちに無香料製品の無料サンプルを配ったということです。さぞかし売り上げが伸びたでしょうね。

要するに、そういうことです。使いたいものは使えば良いのです。今、無香料製品なんて、簡単に手に入ります。近所のスーパーマーケットで無香料製品の品ぞろえをちょっと調べてみたところ、粉の洗濯用洗剤は四種類、その他、石けん、日焼け止め、防虫剤、食洗機用の液体洗剤とタブレット洗剤、シャンプー、コンディショナーなどがありました。この章を書いている間、シドニー中のバス停というバス停に、新しい口紅の広告が貼られていました。——デカデカと書かれたキャッチコピーはこうです。「一〇〇パーセント無香料」。

無香料と表記してある製品の中には、エッセンシャル・オイルを使っているものもあります。——厳密に「無香料」ではなく、「合成香料不使用」ということですね。すでにお話したように、エッセンシャル・オイルも合成香料と同じように問題を持っています。それでも、合成香料よりはマシです。わざわざエッセンシャル・オイルにコストをかけるくらいですから、メーカーはそれをセールスポイントにするでしょう。つまり（「パルファム」という一言でごまかすようなことはせず）香り成分を全部ラベルに書くんじゃないでしょうか。そうなれば、自分の肌に何をつけるか、肺の中に何を吸い込むか、正確に知ることができます。そして良い点がもう一つ。エッセンシャル・オイルは高いので、メーカーは良い香りを出すために最低限の分量しか入れないと思いますよ。

「無香料」製品は、原料がどんなものであれ、その原料そのものの匂いがします。だから、質の良い原料から作られることが多いのです。普通のパーソナルケア製品や普通の洗剤は、ある種の鉱物油[訳注2]——精製した石油——から作られています。一番安い原料だからです（広告では大げさなことを言っている高級フェイスクリームも、安物のフェイスクリームと同じように、鉱物油から作られているんですよ）。鉱物油は変な匂いがしますから、そういう製品には香料が必要になるのです。本物の無香料製品は、変な匂いのしない原料から作られています。たとえば、ココナツ・オイルとか、スウィート・アーモンド・オイル[訳注3]など。

ただ紛らわしいのは、「無香料」と書いてあるものが合成化学物質フリーとは限らないということです。「無香料」製品には、原料の匂いを消す物質が添加されていることがあります。これはさまざまな匂い分子を捕まえて、閉じ込めてしまう技術を使っています。こうした製品は、むしろ「脱臭」と呼ぶべきでしょう。

グリーンウォッシュ[訳注4]にダマされてはいけません。メーカーはみんなクリーンでグリーンな製品がウケることは百も承知だし、消費者を惑わせるなどお茶の子さいさいです。製品ラベルに「ピュア・オーガニック・エッセンシャル・オイル」とか「植物由来」とか書いてあれば、一滴か二滴くらいは入っているでしょうけど、合成成分もあれこれと入っているかもしれません。ラベルには「エコ」とか「ナチュラル」とか「グリーン」とか「地球にやさしい」とか、これ見よがしに書いてあっても、せいぜい箱が再生紙だったりするだけかもしれません。「さわやかなレモンの香り」とか何とか書いてあって、容器にレモンの写真でも印刷してあれば、一層レモンの印象が強まりますが、ほぼ間違いなく、その製品と本物のレモンとはまったく何の関係もないのです。

問題を避ける方法は、ただ一つ。——合成化学物質を使っていない、と書いてある製品を選んでください。その他の宣伝文句は信用してはいけませんよ。グリーンに見せかける文句は、どれ一つとして法律で定められた成分表示とは関係ありませんからね。

天然由来の製品を買おうと思うと、お値段は高くなることもあります。ジャスミンのエッセンシャル・オイルは、合成のジャスミン風香料より高価だし、スウィート・アーモンド・オイルは鉱物油より高くつくでしょう。でもすべてが高いというわけでもありません。——安全な製品をなるべく安く、と市場からは常に求められていますから、昔ほど高くはなくなりました。

天然由来の製品が合成品より高いといっても、それほどの差はありません。私の近所のスーパーマーケットで一番安い普通の洗濯用洗剤は、一キログラム四・二五ドル、こだわりの洗濯用洗剤――「合成香料無添加」――で一番安いものは、一キログラム五・六〇ドル。その差は一・三五ドルです。メーカーが言っているとおり、一箱で洗濯が三〇回できるとします。そうすると一回の洗濯では、一般的な洗剤とこだわりの洗剤の差額は五セント以下になります。

生活に余裕がないから、こだわりの製品を一つしか買えないというなら、洗濯用洗剤にちょっとだけ贅沢してください。それがあなたと、あなたの家族の健康を守る上で一番良い選択です。洗濯した衣類はほぼ一日二四時間、ずっと肌に密着しているからです。肌は温かく、湿度も持っています。フレグランス成分を皮膚が最大限吸収するための完璧な環境です。フレグランス製品の多くは、性別を攪乱する合成ムスクを含有しています。子どもや胎児にとって、特に危険な物質です。

無香料製品の中には、合成香料が入っている製品より安いものもあります。たとえば私の近所のスーパーマーケットでは、無香料の食洗機用液体洗剤が合成香料入りのものより、けっこう安く売っていました。余計なものがついていない分、安いこともあるのです。トイレットペーパー、ティッシュペーパー、紙おむつ、キャンドルなどは、ほんの一部です。機能的にはまったく遜色ないばかりか、お財布にも環境にも負荷を与えない製品ですね。

アロマセラピーというのも、厄介な代物です。あなたの健康に良い香りがきっとあります、なんて、かなりあいまいな話なのです。今はやりのルーム・フレグランスなども、そのあいまいな分野に属しています。芳香剤、リード・ディフューザー、アロマキャンドル、ポプリ、お香などがそうです。

店内に香りをつけることのもう一つの理由は、「香りの空間を演出する」と、そのお店の儲けが増えるから、なのだそうです。――最近は、お店やカジノやホテルが、アロマキャンドルや芳香剤などで香りづけされています。精巧なハイテク空気循環システムも登場してきています。フレグランス業界は、店内を香りづけすれば、経済全体で年間三億ドルも売り上げが増えると試算しています。この数字は、芳香で良い気分になった人が、その場所でお金をたくさん使う、という発想からはじき出されたものです。そしてその発想は、インターナショナル・フレーバー・アンド・フレグランス（アメリカの大手香料メーカー）が行なったとされる調査にもとづいているのだそうです。その調査で、室内に香りのつけられたお店は、香りのないお店より、お客さんが二〇から三〇パーセントも長く滞在して買い物をするという結果が出た、とされています。ところが、その調査をマスコミが報道しようとした際、同社は「契約上の取り決めにより、（資料の）提供を拒否した」というのです。[原注5]

良い香りでお客さんが喜ぶと、今みんなが思っているとすれば、それはフレグランス業界がさりげなく宣伝し続けたからでしょう。――実際私は、フレグランス製品について何人もの人と話したときに、そんなの常識だと何度も言われました。もしそれが事実だというなら、証拠を探してみようじゃないですか。香りの空間商法がフレグランス業界自身にとって莫大な儲けになることを考えれば――業界にとっては、まったく新しい市場です――、ひねくれ者でなくたって、その「調査」とやらが本当は存在しないのではないかと疑いたくなるじゃないですか。

そして、まったく反対の結論を出した調査なら、簡単に手に入るのです。先にお話した二〇一六年のアン・スタインマンの調査で、フレグランス製品に暴露した人の三五パーセントが何らかの健康被害を受けたことがわかったのですが、同じ調査でお店やオフィスに匂いが漂っていたら、できるだけ早く立ち去ると二〇パーセントの人が言っていたのです。そりゃそうでしょう。そして五五パーセントは、香りの空間のサービスをしているホテルより、していないホテルを選ぶと回答しています。また学術雑誌『ケミカル・センシズ（*Chemical Senses*）』に発表された論文によれば、業界の予想に反して、「ルーム・フレグランスは売り上げを増加させなかった」ことが出口調査でわかったのです。原注6

フレグランス製品で具合が悪くなる人にとって、店内に芳香が充満している状況は有刺鉄線のフェンスで通せんぼされているのと同じです。どこのお店もホテルも民宿もカフェもヨガ・スタジオもタクシーも、芳香が漂っていれば、私たちはそこでお金を落とさないでしょう。

フレグランス製品の被害者は、たいていは何も言いません。――他のお店やホテルやタクシーを探す方が早いからです。インターネットショッピングは、まさに天からの贈り物です。匂いの漂うお店を窓の外からのぞいて、気に入った商品のラベルを確認してから家に帰ってオンラインで同じものを買う、という人がこの頃は多いようですね。私は別に、進んでインターネットショッピングがしたいわけじゃありませんよ。――お店でお金を使わないと、今にお店がなくなってしまいますからね。でも、また頭痛が起こるのかと思うと、お店に足を踏み入れる勇気が出ないのです。

世界中で、たくさんの人が毎日フレグランス製品を使っていて、ほとんどの人は頭痛も起こさなければ呼吸困難にも見舞われません。そのラッキーな人たちは、自分たちが心地よいと感じるもので体調を崩す人がいるなんて、信じられないでしょう。それはよくわかります。でも私はこう思いたいんです。いつか香り好きの皆さんも、自分たちがほんの少し我慢するだけで、他の誰かが、人生が一八〇度変わるほどの開放感を味わえると知れば、きっと考え直してくれるだろう、と。信じてください。私たち、本当に心から感謝しますよ！

フレグランス成分は分子レベルで健康被害を及ぼし、私たちだけでなくお腹の中にいる赤ちゃんにも長期的に影響があるというのに、――困ったことに、フレグランス製品を作っている人たちは、きちんと自主規制していて、健康被害から消費者を守っていると自信満々なんです。だけどこの本でお話した数々の証拠を見れば、その自信が見当違いかもしれないことがわかります。結局は自分たちの利益のためにそう言っているだけなんです。

まぁ、そうは言っても、私たちの日常生活は危険がいっぱいですよね。ミネラルウォーターのプラスチック容器には危険なビスフェノールAが使われ、ブロッコリーには農薬が残留していて、鶏の手羽からはホルモン剤が検出される、といった具合です。がんの原因になるものがゴマンとあるというのですから、そんな話、聞くのもウンザリです。たかだかフレグランス製品をやめたくらいで、どれほどの発がん性物質や内分泌撹乱物質が防げるというのでしょう？　それで生まれてくる子どもたちの健康が守れるというのでしょうか？　それは誰にもわかりません。残念ながら、人生は一度しかありません。どの選択をすると、あなたやあなたのお子さんにダメージがあるか、比べることはできないのです。

どのくらいの確率で自分の家が火事で全焼するかも、誰にもわかりませんね。だけどだいたいの人は、その可能性がゼロではないと思って火災保険をかけます。うちはかなりの高確率で火事になりそうだから保険に入ろう、なんていう人はいません。あくまでも可能性があるからです。確率はとても低くても、万が一起きたときの被害が甚大だからです。

無香料という選択も、一種のリスク・マネージメントと考えることができます。日常はリスクだらけで、そのリスクをコントロールすることはできません。でもフレグランス製品は、違います。合成フレグランス成分を使わずに毎日をすごすという選択をするのは、そんなに難しくありません。それに、そんなものがなくても問題なく文化生活を営めるのだと、すぐにわかるでしょう。

フレグランス製品に人生を一変させられたと痛感した販促ツアーが終わりに近づいた頃、本の販促イベントの一環で、ある昼食会でスピーチをしました。テーブルの上座で、また頭痛が起こらなきゃいいなと思いながら鶏料理をつついていると、となりに腰かけていた進行役の若い男性がこう言いました。

「私は、あなたにお礼を申し上げたいんです」。

「あら、どうして?」と私。

すると彼は、こう言ったのです。最近、頭痛がするようになった。奇妙なことに、ニュージーランド旅行から戻った翌日からだった。その後、彼はこの昼食会で私の紹介をすることになった。そこで私の経歴を私のホームページで調べた。すみずみまで見ていたら、何年か前に私が書いたこんな一文が目に留まった。〝フレグランス製品を自粛して下さってありがとう〟。

「そのとき、パッとひらめいたんですよ、ケイト」と彼は言いました。「オークランド[訳注5]の免税店で、帰りがけにオーデコロンを買ったんです。で、翌日それを使い始めた。あなたのお書きになった文を読んで、やっと合点がいったんです」。

この本は、まさに彼のような人のためにあるのです。

訳注

訳注1　フランスのデザイナー、ジャン・パトゥが発売した有名な香水。
訳注2　ワセリン、パラフィンなど。
訳注3　食用でないビター種のアーモンドから抽出した油。
訳注4　環境に良くない行為を、環境に良いかのように見せかけること。
訳注5　ニュージーランドの都市。

responsibilities/q-a/can-we-enforce-a-no-personal-spray-policy

第十三章　フレグランスなんかいらない

1 Symphony Nova Scotia, 'Concerts FAQs', symphonynovascotia.ca/faqs/concert
2 Turin, L., *et al*, *Perfumes: The A-Z Guide*, Penguin USA, 2008, p. 17. ルカ・トゥリン、タニア・サンチェス 『「匂いの帝王」が五つ星で評価する 世界香水ガイド２★1885』 原書房 2010年 15ページ
3 Turin, *Perfumes*, p. 15. 同上 13ページ
4 Turin, *Perfumes*, p. 290. 同上 349ページ
5 'Scent Branding Sweeps the Fragrance Industry', *Bloomberg Businessweek*, 17 June 2010, bloomberg.com/news/articles/2010-06-16/scent-branding-sweeps-the-fragrance-industry
6 Schifferstein, H. *et al.*, 'The Signal Function of Thematically (In)congruent Ambient Scents in a Retail Environment', *Chemical Senses* 27, 6, 539–49, 2002.

Hazard Advisory Panel on Phthalates and Phthalate Alternatives', July 2014, cpsc.gov/PageFiles/169902/CHAP-REPORT-With-Appendices.pdf
43 Body Shop, 'Chemicals Strategy, July 2008', thebodyshop.ca/en/pdfs/values-campaigns/BSI_Chemicals_Strategy.pdf
44 Johnson's, 'The Simple Truth: Answers to Popular Questions', johnsonsbaby.com.au/difference/simple-truth

第十二章　空気はみんなのもの

1 Steinemann, A., 'Safety Management: Indoor Environmental Quality Policy', drsteinemann.com/Resources/CDC%20Indoor%20Environmental%20Quality%20Policy.pdf
2 US Equal Employment Opportunity Commission, transcript of Town Hall Listening Session, Chicago, 17 November 2009, eeoc.gov/eeoc/events/transcript-chic.cfm; Peeples, L., 'Chemically Sensitive Find Sanctuary in Fragrance-free Churches', *Huffington Post*, 27 October 2013, huffingtonpost.com.au/entry/chemical-sensitivity-fragrance-church_n_4163785
3 Steinemann, 'Fragranced Consumer Products: Exposures and Effects from Emissions'.
4 Capital Health Cancer Care Program, 'Cancer Care: A Guide for Patients, Families and Caregivers', cancercare.ns.ca/site-cc/media/cancercare/CCNS_CH_Guide_05_11(1).pdf
5 Garcia, M., 'Scents and Sensitivity: Considering Passenger Allergies to Fragrance', APEX, 25 January 2016, apex.aero/2016/01/22/passenger-allergies-to-fragrance
6 Canadian Human Rights Commission, 'Policy on Environmental Sensitivities', January 2014, chrc-ccdp.gc.ca/sites/default/files/policy_sensitivity_0.pdf
7 Steinemann, 'Safety Management: Indoor Environmental Quality Policy'.
8 Massachusetts Nurses Association, 'Model for a Fragrance-free Policy', 15 April 2016, massnurses.org/health-and-safety/articles/chemical-exposures/p/openItem/1346#model
9 Safe Work Australia, 'Managing Risks of Airborne Contaminants', safeworkaustralia.gov.au/sites/swa/whsinformation/hazardous-chemicals/airborne-contaminants/pages/managing-risks-airborne-contaminants
10 Safe Work Australia, 'Managing Risks of Hazardous Chemicals in the Workplace: Code of Practice', July 2012, safeworkaustralia.gov.au/sites/SWA/about/Publications/Documents/697/ Managing%20Risks%20of%20Hazardous%20Chemicals2.pdf
11 Australian Human Rights Commission, 'Use of Chemicals and Materials' ; 'Action Plans', *Access: Guidelines and Information*, humanrights.gov.au/publications/access-guidelines-and-information
12 WorkplaceOHS, 'Can We Enforce a "No Personal Spray" Policy?', 25 February 2008, workplaceohs.com.au/risk-management/roles-

Maturitas 64, 2, 80–85, 2009.
25 Kortenkamp, A. *et al.*, '5.1 Breast Cancer', *State of the Art Assessment of Endocrine Disrupters: Final Report: Annex 1.*
26 Kortenkamp, A. *et al.*, '5.1 Breast Cancer', *State of the Art Assessment of Endocrine Disrupters: Final Report: Annex 1.*
27 Kortenkamp, A. *et al.*, '5.1 Breast Cancer', *State of the Art Assessment of Endocrine Disrupters: Final Report: Annex 1.*
28 Depue, R. H. *et al.*, 'Estrogen Exposure During Gestation and Risk of Testicular Cancer', *Journal of the National Cancer Institute* 71, 6, 1151–55, 1983.
29 Bouskine, A. *et al.*, 'Estrogens Promote Human Testicular Germ Cell Cancer Through a Membrane-mediated Activation of Extracellular Regulated Kinase and Protein Kinase A', *Endocrinology* 149, 2, 565–73, 2007.
30 Kortenkamp, A. *et al.*, '4.1 Male Reproductive Health', *State of the Art Assessment of Endocrine Disrupters: Final Report: Annex 1.*
31 Kortenkamp, A. *et al.*, *State of the Art Assessment of Endocrine Disrupters: Final Report: Annex 1*, pp. 135, 169, 181, 198, 218, 292–93.
32 Kortenkamp, A. *et al.*, '5.2 Prostate Cancer', *State of the Art Assessment of Endocrine Disrupters: Final Report: Annex 1.*
33 Kortenkamp、A. *et al.*, '5.3 Testis Cancer', *State of the Art Assessment of Endocrine Disrupters: Final Report: Annex 1*; Huyghe, E. *et al.*, 'Increasing Incidence of Testicular Cancer Worldwide: A Review', *Journal of Urology* 170, 1, 5–11, 2003.
34 Sharpe, R., 'Male Reproductive Health Disorders and the Potential Role of Exposure to Environmental Chemicals', CHEM Trust, chemtrust.org.uk/wp-content/uploads/ProfRSHARPEMaleReproductiveHealth-CHEMTrust09-1.pdf
35 Main, K. M. *et al.*, 'Genital Anomalies in Boys and the Environment', *Best Practice & Research Clinical Endocrinology & Metabolism* 24, 2, 279–89, 2010.
36 Nassar, N. *et al.*, 'Increasing Prevalence of Hypospadias in Western Australia, 1980–2000', *Archives of Disease in Childhood* 92, 7, 580–84, 2007.
37 Cancer Australia, 'Breast Cancer in Australia', canceraustralia. gov.au/affected-cancer/cancer-types/breast-cancer/breast-cancer-statistics
38 Li, C. I. *et al.*, 'Incidence of Invasive Breast Cancer by Hormone Receptor Status from 1992 to 1998', *Journal of Clinical Oncology* 21, 1, 28–34, 2003.
39 Kortenkamp, A. *et al.*, '4.2 Female Precocious Puberty', *State of the Art Assessment of Endocrine Disrupters: Final Report: Annex 1.*
40 Kortenkamp, A. *et al.*, '5.5 Other Hormonal Cancers: Ovarian and Endometrial Cancers', *State of the Art Assessment of Endocrine Disrupters: Final Report: Annex 1.*
41 Kortenkamp, A. *et al.*, *State of the Art Assessment of Endocrine Disrupters: Final Report: Annex 1.*
42 'Report to the U.S. Consumer Product Safety Commission by the Chronic

In Utero: A Cohort Study', *Lancet* 359, 9312, 1102-07, 2002.
10 Kalfa, N. *et al*., 'Prevalence of Hypospadias in Grandsons of Women Exposed to Diethylstilbestrol During Pregnancy: A Multigenerational National Cohort Study', *Fertility and Sterility* 95, 8, 2574-77, 2011.
11 Swan, S. H. *et al*., 'Decrease in Anogenital Distance Among Male Infants with Prenatal Phthalate Exposure', *Environmental Health Perspectives* 113, 8, 1056-61, 2005.
12 Main, K. M. *et al*., 'Human Breast Milk Contamination with Phthalates and Alterations of Endogenous Reproductive Hormones in Infants Three Months of Age', *Environmental Health Perspectives* 114, 2, 270-76, 2006.
13 Sharpe, R. M. *et al*., 'Are Oestrogens Involved in Falling Sperm Counts and Disorders of the Male Reproductive Tract?', *Lancet*, 341, 8857, 1392-95, 1993; Skakkebaek, N. E. *et al*., 'Testicular Dysgenesis Syndrome: An Increasingly Common Developmental Disorder with Environmental Aspects', *Human Reproduction* 16, 5, 972-78, 2001.
14 Huang, L. *et al*., 'Estrogenic Regulation of Signaling Pathways and Homeobox Genes During Rat Prostate Development', *Journal of Andrology* 25, 3, 330-37, 2004.
15 vom Saal, F. S. *et al*., 'Prostate Enlargement in Mice Due to Fetal Exposure to Low Doses of Estradiol or Diethylstilbestrol and Opposite Effects at High Doses', *Proceedings of the National Academy of Sciences of the United States of America* 94, 5, 2056-61, 1997.
16 Cancer Australia, 'Prostate Cancer Statistics', prostate-cancer.canceraustralia.gov.au/statistics
17 Cancer Australia, 'Breast Cancer in Australia', canceraustralia. gov.au/affected-cancer/cancer-types/breast-cancer/breastcancer-statistics
18 Breastcancer.org, 'Hormone Receptor Status', breastcancer.org/symptoms/diagnosis/hormone_status
19 Kortenkamp, A. *et al*., '5.1 Breast Cancer', *State of the Art Assessment of Endocrine Disrupters: Final Report: Annex 1.*
20 Palmer, J. R. *et al*., 'Prenatal Diethylstilbestrol Exposure and Risk of Breast Cancer', *Cancer Epidemiology Biomarkers and Prevention* 15, 8, 1509-14, 2006.
21 Centers for Disease Control and Prevention, 'Information to Identify and Manage DES Patients', cdc.gov/des/hcp/information/daughters/risks_daughters.html
22 Rossouw, J. E. *et al*., 'Risks and Benefits of Estrogen Plus Progestin in Healthy Postmenopausal Women: Principal Results from the Women's Health Initiative Randomized Controlled Trial', *Journal of the American Medical Association* 288, 3, 321-33, 2002.
23 Beral, V. *et al*., 'Breast Cancer and Hormone-Replacement Therapy in the Million Women Study', *Lancet* 362, 9382, 419-427, 2003.
24 Verkooijen, H. M. *et al*., 'The Incidence of Breast Cancer and Changes in the Use of Hormone Replacement Therapy: A Review of the Evidence',

Steroidogenesis in H295R Cells', *Chemosphere* 90, 3, 1227-35, 2013.
22 Schreurs, R. H. *et al*., 'Transcriptional Activation of Estrogen Receptor ERalpha and ERbeta by Polycyclic Musks is Cell Type Dependent', *Toxicology and Applied Pharmacology* 183, 1, 1-9, 2002.
23 Schlumpf, M. *et al*., 'Endocrine Activity and Developmental Toxicity of Cosmetic UV Filters.An Update', *Toxicology* 205, 1.2, 113-22, 2004.
24 Kumar, N. *et al*., 'Assessment of Estrogenic Potential of Diethyl Phthalate in Female Reproductive System Involving Both Genomic and Non-genomic Actions', *Reproductive Toxicology* 49, 12-26, 2014.
25 Schreurs, 'Interaction of Polycyclic Musks and UV Filters with the Estrogen Receptor (ER), Androgen Receptor (AR), and Progesterone Receptor (PR) in Reporter Gene Bioassays'.
26 Simmons, D. B. *et al*., 'Interaction of Galaxolide® with the Human and Trout Estrogen Receptor-alpha', *Science of the Total Environment* 408, 24, 6158-64, 2010.
27 van der Burg, B. *et al*., 'Endocrine Effects of Polycyclic Musks: Do We Smell a Rat?', *International Journal of Andrology* 31, 2, 188-93, 2008.
28 van Meeuwen, J. A., 'Aromatase Inhibiting and Combined Estrogenic Effects of Parabens and Estrogenic Effects of Other Additives in Cosmetics', *Toxicology and Applied Pharmacology* 230, 3, 372-82, 2008.
29 以下に引用されている。Freinkel, S., *Plastic: A Toxic Love Story*, Text Publishing, 2011, p. 94.

第十一章　意外な結果

1 Kortenkamp, A. *et al*., '7.1 Invertebrates'., *State of the Art Assessment of Endocrine Disrupters: Final Report: Annex 1*, 29 January 2012, ec.europa.eu/environment/chemicals/endocrine/pdf/annex1_summary_state_of_science.pdf
2 Foster, P. M., 'Disruption of Reproductive Development in Male Rat Offspring Following In Utero Exposure to Phthalate Esters', *International Journal of Andrology* 29, 1, 140-47, 2006.
3 Kortenkamp, A. *et al*., '4.1 Male Reproductive Health', *State of the Art Assessment of Endocrine Disrupters: Final Report: Annex 1*.
4 Virtanen, H. E. *et al*., 'Cryptorchidism and Endocrine Disrupting Chemicals', *Molecular and Cellular Endocrinology* 355, 2, 208-20, 2012.
5 Kortenkamp, A. *et al*., '4.1 Male Reproductive Health', *State of the Art Assessment of Endocrine Disrupters: Final Report: Annex 1*.
6 Kortenkamp, A. *et al*. '4.1 Male Reproductive Health', *State of the Art Assessment of Endocrine Disrupters: Final Report: Annex 1*.
7 Eisenhardt, S. *et al*., 'Nitromusk Compounds in Women with Gynecological and Endocrine Dysfunction', *Environmental Research* 87, 3, 123-130, 2001.
8 Virtanen, 'Cryptorchidism and Endocrine Disrupting Chemicals'.
9 Klip, H. *et al*., 'Hypospadias in Sons of Women Exposed to Diethylstilbestrol

6 Peters, R. J. *et al.*, 'Xeno-estrogenic Compounds in Precipitation', *Journal of Environmental Monitoring* 10, 760-69, 2008.
7 Macherius, A. *et al.*, 'Uptake of Galaxolide, Tonalide, and Triclosan by Carrot, Barley and Meadow Fescue Plants', *Journal of Agricultural and Food Chemistry* 60, 32, 7785-91, 2012.
8 Reiner, J. L. *et al.*, 'Polycyclic Musks in Water, Sediment, and Fishes from the Upper Hudson River, New York, USA', *Water, Air, & Soil Pollution* 214, 1, 335-42, 2011.
9 Schiavone, A. *et al.*, 'Polybrominated Diphenyl Ethers, Polychlorinated Naphthalenes and Polycyclic Musks in Human Fat from Italy: Comparison to Polychlorinated Biphenyls and Organochlorine Pesticides', *Environmental Pollution* 158, 2, 599-606, 2010.
10 Hutter, H. P. *et al.*, 'Higher Blood Concentrations of Synthetic Musks in Women Above Fifty Years Than in Younger Women', *International Journal of Hygiene and Environmental Health* 213, 2, 124-30, 2010.
11 Lu, Y. *et al.*, 'Occurrence of Synthetic Musks in Indoor Dust from China and Implications for Human Exposure', *Archives of Environmental Contamination and Toxicology*, 60, 1, 182-89, 2011.
12 Kubwabo, C. et al., 'Determination of Synthetic Musk Compounds in Indoor House Dust by Gas Chromatography-Ion Trap Mass Spectrometry', *Analytical and Bioanalytical Chemistry* 404, 2, 467-77, 2012.
13 Sathyanarayana, S. *et al.*, 'Baby Care Products: Possible Sources of Infant Phthalate Exposure', *Pediatrics* 121, 2, 260-68, 2008.
14 Taylor, K. M. *et al.*, 'Human Exposure to Nitro Musks and the Evaluation of Their Potential Toxicity: An Overview', *Environmental Health* 13, 1, 14, 2014.
15 Lignell, S. *et al.*, 'Temporal Trends of Synthetic Musk Compounds in Mother's Milk and Associations with Personal Use of Perfumed Products', *Environmental Science & Technology* 42, 17, 6743-48, 2008.
16 Mori, T. *et al.*, 'Hormonal Activity of Polycyclic Musks Evaluated by Reporter Gene Assay', *Environmental Science* 14, 4, 195-202, 2007.
17 Bitsch, N. *et al.*, 'Estrogenic Activity of Musk Fragrances Detected by the E-screen Assay Using Human mcf-7 Cells', *Archives of Environmental Contamination and Toxicology* 43, 3, 257-64, 2002.
18 Lange, C. *et al.*, 'Estrogenic Activity of Constituents of Underarm Deodorants Determined by E-Screen Assay', *Chemosphere* 108, 101-06, 2014.
19 Schreurs, R. H. *et al.*, 'In Vitro and In Vivo Antiestrogenic Effects of Polycyclic Musks in Zebrafish', *Environmental Science & Technology* 38, 4, 997-1002, 2004.
20 Schreurs, R. H. *et al.*, 'Interaction of Polycyclic Musks and UV Filters with the Estrogen Receptor (ER), Androgen Receptor (AR), and Progesterone Receptor (PR) in Reporter Gene Bioassays', *Toxicological Sciences* 83, 2, 264-72, 2005.
21 Li, Z. *et al.*, 'Effects of Polycyclic Musks HHCB and AHTN on

on Acetaldehyde', 18 September 2012, ec.europa.eu/health/scientific_committees/consumer_safety/docs/sccs_o_104.pdf
23 Steinemann, 'Volatile Emissions from Common Consumer Products'; Black, R. E. *et al.*, 'Occurrence of 1,4-Dioxane in Cosmetic Raw Materials and Finished Cosmetic Products', *Journal of AOAC International* 84, 3, 666–70, 2001.
24 National Toxicology Program, 'Thirteenth Report on Carcinogens'.
25 National Industrial Chemicals Notification and Assessment Scheme, '1,4-Dioxane: Priority Existing Chemical No. 7: Full Public Report', 1998, clu-in.org/download/contaminantfocus/dioxane/PEC7_Full_Report_PDF.pdf
26 National Toxicology Program, 'Thirteenth Report on Carcinogens: Dichloromethane', ntp.niehs.nih.gov/ntp/roc/content/profiles/dichloromethane.pdf#search=Dichloromethane
27 Liu, T. *et al.*, 'Occupational Exposure to Methylene Chloride and Risk of Cancer: A Meta-analysis', *Cancer Causes & Control* 24, 12, 2037–49, 2013.
28 National Toxicology Program, 'Thirteenth Report on Carcinogens'.
29 International Fragrance Association, 'Standards Library'.
30 Johnson's, 'The Simple Truth: What's Changed', johnsonsbaby. com.au/difference/simple-truth
31 Thomas, K., 'The "No More Tears" Shampoo, Now with No Formaldehyde', *New York Times*, 17 January 2014, nytimes. com/2014/01/18/business/johnson-johnson-takes-first-step-inremoval-of-questionable-chemicals-from-products.html?_r=0
32 たとえば *BBC News Magazine*, 'Is There a Danger from Scented Products?', 15 January 2016, bbc.com/news/magazine-35281338

第十章　分解不能

1 Rimkus, G. G., 'Polycyclic Musk Fragrances in the Aquatic Environment', *Toxicology Letters* 111, 1–2, 37–56, 1999.
2 He, Y. J. *et al.*, 'Fate and Removal of Typical Pharmaceuticals and Personal Care Products by Three Different Treatment Processes', *Science of the Total Environment* 447, 248–54, 2013.
3 Klaschka, U. *et al.*, 'Occurrences and Potential Risks of 16 Fragrances in Five German Sewage Treatment Plants and Their Receiving Waters', *Environmental Science and Pollution Research International* 20, 4, 2456–71, 2013.
4 Waghulkar, V. M., 'Dark side of PPCP: An Unconscious Infiltration into Environment', *International Journal of ChemTech Research* 2, 2, 899–902, 2010.
5 Villa, S. *et al.*, 'Theoretical and Experimental Evidences of Medium Range Atmospheric Transport Processes of Polycyclic Musk Fragrances', *Science of the Total Environment* 481, 27–34, 2014.

70, 1985.
6 Cooper, S. D. *et al.*, 'The Identification of Polar Organic Compounds in Consumer Products and Their Toxicological Properties', *Journal of Exposure Analysis and Environmental Epidemiology* 5, 1, 57–75, 1995.
7 Cesta, M. F. *et al.*, 'Complex Histopathologic Response in Rat Kidney to Oral Beta-myrcene: An Unusual Dose-related and Low-dose alpha2u-Globulin Nephropathy', *Toxicologic Pathology* 41, 8, 1068–77, 2013.
8 National Toxicology Program, Technical Report Series No. 557, 'Toxicology and Carcinogenesis Studies of Beta-myrcene in F344/N Rats and B6C3F1 Mice', 2010, ntp.niehs.nih.gov/ntp/htdocs/lt_rpts/tr557.pdf
9 Rastogi, S. C. *et al.*, 'Selected Important Fragrance Sensitizers in Perfumes — Current Exposures', *Contact Dermatitis* 56, 4, 201–04, 2007.
10 National Toxicology Program, Technical Report Series No. 551,'Toxicology and Carcinogenesis Studies of Isoeugenol in F344/N Rats and B6C3F1 Mice', 2010, ntp.niehs.nih.gov/ntp/htdocs/lt_rpts/tr551.pdf
11 National Toxicology Program, Technical Report Series No. 253, 'Carcinogenesis Studies of Allyl Isovalerate (CAS No. 2835-39-4) in F344/N Rats and B6C3F1 Mice (Gavage Studies)', 1983, ntp.niehs.nih.gov/ntp/htdocs/lt_rpts/tr253.pdf
12 Bristol, D. W., 'NTP 3-month Toxicity Studies of Estragole (CAS No. 140-67-0) Administered by Gavage to F344/N Rats and B6C3F1 Mice', *National Toxicology Program Toxicology Report Series* 82, 1–111, 2011.
13 European Commission, 'Opinion of the Scientific Committee on Food on Estragole', 26 September 2001, ec.europa.eu/food/safety/docs/fs_food-improvement-agents_flavourings-out104.pdf
14 International Fragrance Association, 'Standards Library'.
15 International Agency for Research on Cancer, 'Monographs on the Evaluation of Carcinogenic Risks to Humans: Volume 71: Re-evaluation of Some Organic Chemicals, Hydrazine and Hydrogen Peroxide', 1999, monographs.iarc.fr/ENG/Monographs/vol71/mono71.pdf
16 National Toxicology Program, 'Thirteenth Report on Carcinogens'.
17 International Agency for Research on Cancer, 'Monographs on the Evaluation of Carcinogenic Risks to Humans: Volume 100F: Formaldehyde', 2012, monographs.iarc.fr/ENG/Monographs/vol100F/mono100F-29.pdf
18 Nazaroff, 'Indoor Air Chemistry: Cleaning Agents, Ozone and Toxic Air Contaminants'.
19 de Groot, A. C. *et al.*, 'Formaldehyde-releasers: Relationship to Formaldehyde Contact Allergy: Contact Allergy to Formaldehyde and Inventory of Formaldehyde-releasers', *Contact Dermatitis* 61, 2, 63–85, 2009.
20 International Agency for Research on Cancer, 'Monographs on the Evaluation of Carcinogenic Risks to Humans: Volume 71: Re-evaluation of Some Organic Chemicals, Hydrazine and Hydrogen Peroxide'.
21 National Toxicology Program, 'Thirteenth Report on Carcinogens'.
22 European Commission Scientific Committee on Consumer Safety,'Opinion

第八章　研究所ではわからないこと
1 University of Melbourne, *Up Close*, episode 341, upclose.unimelb. edu.au/episode/341-fume-view-consumer-products-and-your-indoor-air-quality
2 Saiyasombati, P. *et al*., 'Two-stage Kinetic Analysis of Fragrance Evaporation and Absorption from Skin', *International Journal of Cosmetic Science* 25, 5, 235–43, 2003.
3 Shen, J. *et al*., 'An *in silico* Skin Absorption Model for Fragrance Materials', *Food and Chemical Toxicology* 74, 164–76, 2014 rifm.org/uploads/An%20in%20silico%20skin%20absorption%20model%20for%20fragrance%20materials%20FCT74%20(10-2014)164-176.pdf
4 Wheeler, D. S. *et al*., *Pediatric Critical Care Medicine: Basic Science and Clinical Evidence*, Springer, 2007, p. 1743.
5 Thyagarajan, A., 'New Guidelines Involving the Testing Done on Animal Models', *Genetic Engineering & Biotechnology News*, 13 October 2015, genengnews.com/keywordsandtools/print/3/39557
6 International Fragrance Association, 'Compliance Programme', ifraorg.org/en-us/compliance-programme#.V8faSjPbww
7 Celeiro, M. *et al*., 'Pressurized Liquid Extraction–Gas Chromatography–Mass Spectrometry Analysis of Fragrance Allergens, Musks, Phthalates and Preservatives in Baby Wipes', *Journal of Chromatography A* 1384, 9–21, 2015.
8 International Fragrance Association, 'Ingredients'.

第九章　ヒゲ剃りあとにつけるのは？
1 Turin, T., 'The Science of Scent', TED Talk, February 2005, ted. com/talks/luca_turin_on_the_science_of_scent?language=en　ルカ・トゥリン「ルカ・トゥリンが語る香りの科学」https://www.ted.com/talks/luca_turin_on_the_science_of_scent?language=ja
2 National Toxicology Program, Technical Report Series No. 422, 'Toxicology and Carcinogenesis Studies of Coumarin (CAS No. 91-64-5) in F344/N Rats and B6C3F1 Mice (Gavage Studies)', 1993, ntp.niehs.nih.gov/ntp/htdocs/lt_rpts/tr422.pdf
3 European Commission Scientific Committee on Food, 'Opinion on Coumarin', 22 September 1999, ec.europa.eu/food/fs/sc/scf/out40_en.pdf ; Bundesinstitut für Risikobewertung,'Consumers May Take in Larger Amounts of Coumarin from Cosmetics, Too', 20 December 2007, bfr.bund.de/cd/10569
4 Ford, R. A. *et al*., 'The In Vivo Dermal Absorption and Metabolism of Coumarin by [4-14C] Rats and by Human Volunteers Under Simulated Conditions of Use in Fragrances', *Food and Chemical Toxicology* 39, 2, 153–62, 2001.
5 Abdo, K. M. *et al*., 'Benzyl Acetate Carcinogenicity, Metabolism, and Disposition in Fischer 344 Rats and B6C3F1 Mice', *Toxicology* 37, 1–2, 159–

rapid/press-release_IP-08-184_en.htm
10 Patents, 'Substituted tetrahydronaphthalenes', US 2897237 A, google.com/patents/US2897237
11 Spencer, P. S. *et al.*, 'Neurotoxic Changes in Rats Exposed to the Fragrance Compound Acetyl Ethyl Tetramethyl Tetralin', *NeuroToxicology* 1, 1, 221–37, 1979; Spencer, P. S. *et al.*, 'Neurotoxic fragrance produces ceroid and myelin disease', *Science* 204, 4393, 633–35, 1979.
12 Butterworth, K. R. *et al.*, 'Acute Toxicity of Thioguaiacol and of Versalide in Rodents', *Food and Cosmetics Toxicology* 19, 6, 753–55, 1982.
13 Akasaki, Y. *et al.*, 'Cerebellar Degeneration Induced by Acetylethyl-tetramethyl-tetralin (AETT)', *Acta Neuropathologica* 80, 2, 129–37, 1990.
14 Koch-Henriksen, N. *et al.*, 'The Changing Demographic Pattern of Multiple Sclerosis Epidemiology', *Lancet Neurology* 9, 5, 520–32, 2010.

第七章　フレグランスを守るため

1 International Fragrance Association, ifraorg.org
2 International Fragrance Association, 'Standards', ifraorg.org/en-us/standards#.V9irr2WkwS4
3 International Fragrance Association, 'Standards Library'.
4 Tadeo, M., 'Iconic Chanel No 5 Perfume to Reformulate Under New EU Regulations', *Independent*, 29 May 2014, independent.co.uk/news/business/news/iconic-chanel-no-5-perfume-to-reformulate-under-new-eu-regulations-9451331.html
5 Amelia, Comment, 18 November 2009, 'Is it Safe to Wear Old Perfume?', The Vintage Perfume Vault, 11 November 2009, thevintageperfumevault.blogspot.com.au/2009/11/is-it-safe-to-wear-old-perfume.html
6 International Fragrance Association and Research Institute for Fragrance Materials, 'QRA Information Booklet Version 7.1', revised 9 July 2015, ifraorg.org/Upload/DownloadButtonDocuments/c7b29dc8-19d2-4ffd-8aae-bb35ec2ae95b/IFRA-RIFM%20QRA%20Information%20booklet%20V7.1%20(July%209,%202015).pdf
7 International Fragrance Association, 'Standards Library'.
8 National Toxicology Program, 'Thirteenth Report on Carcinogens'.
9 International Fragrance Association, 'Standards Library'.
10 International Fragrance Association and Research Institute for Fragrance Materials, 'QRA Information Booklet Version 7.1'.
11 International Fragrance Association, 'Standards Library'.
12 International Fragrance Association and Research Institute for Fragrance Materials, 'QRA Information Booklet Version 7.1'.
13 International Fragrance Association and Research Institute for Fragrance Materials, 'QRA Information Booklet Version 7.1'.

of Octyl-methoxycinnamate in Vivo: A 5-day Sub-acute Pharmacodynamic Study with Ovariectomized Rats', *Toxicology* 215, 1–2, 90–96, 2005.
17 Charles, A. K. *et al.*, 'Oestrogenic Activity of Benzyl Salicylate, Benzyl Benzoate and Butylphenylmethylpropional (Lilial) in MCF7 Human Breast Cancer Cells In Vitro', *Journal of Applied Toxicology* 29, 5, 422–34, 2009.
18 Ministry of Environment and Food, Danish Environmental Protection Agency, 'Survey and Health Assessment of UV Filters', 2015, www2.mst.dk/Udgiv/publications/2015/10/978-87-93352-82-7.pdf

第六章　誰がテストしているの？

1 Australian Competition and Consumer Commission, 'Cosmetic Subscription Services Survey', 2015, productsafety.gov.au/system/files/Survey%20report%20-%20cosmetic%20subscription%20services%20compliance_0.pdf
2 Australian Government Department of Health, National Industrial Chemicals Notification and Assessment Scheme, nicnas.gov.au/regulation-and-compliance/nicnas-handbook/handbook-main-content/australian-inventory-of-chemical-substances/overview; nicnas.gov.au/chemical-information/imap-assessments/accelerated-assessment-of-industrial-chemicals-in-australia
3 Australian Government Department of Health, National Industrial Chemicals Notification and Assessment Scheme, nicnas.gov.au/chemical-information/imap-assessments/imap-assessments/tier-ii-environment-assessments/data-poor-fragrance-chemicals
4 Australian Competition and Consumer Commission, 'Research Survey of Formaldehyde in Cosmetics', 2010, productsafety.gov.au/publication/accc-research-survey-of-formaldehyde-in-cosmeticspdf
5 National Toxicology Program, 'Substances Listed in the Thirteenth Report on Carcinogens', ntp.niehs.nih.gov/ntp/roc/content/listed_substances_508.pdf
6 Australian Competition and Consumer Commission, 'Analytical Survey of Formaldehyde in False Eyelash Glues Supplied in Australia', 2015, productsafety.gov.au/publication/formaldehyde-in-false-eyelash-glues-supplied-in-australia
7 US Food and Drug Administration, 'FDA Authority Over Cosmetics: How Cosmetics Are Not FDA-approved, But Are FDA-regulated', fda.gov/Cosmetics/GuidanceRegulation/LawsRegulations/ucm074162.htm; 'Prohibited and Restricted Ingredients', fda.gov/Cosmetics/GuidanceRegulation/Laws Regulations/ucm127406.htm
8 European Commission Scientific Committee on Consumer Safety, 'Opinion on Fragrance Allergens in Cosmetic Products', 2011, ec.europa.eu/health/scientific_committees/consumer_safety/docs/sccs_o_073.pdf
9 European Commission, 'New Cosmetic Regulation to Strengthen Product Safety and to Cut Red Tape', 記者発表資料, 5 February 2008, europa.eu/

Cues', *Developmental Psychology* 20, 6, 587–91, 1987.
5 Vaglio, S., 'Chemical Communication and Mother-Infant Recognition', *Communicative & Integrative Biology* 2, 3, 279–81, 2009.
6 Nishitani, S. *et al.*, 'The Calming Effect of a Maternal Breast Milk Odor on the Human Newborn Infant', *Neuroscience Research* 63, 1, 66–71, 2009.

第五章　ラベルに隠されたものは

1 Nazaroff, W. W. *et al.*, 'Indoor Air Chemistry: Cleaning Agents, Ozone and Toxic Air Contaminants', Final Report for the California Air Resources Board and California Environmental Protection Agency, 2006.
2 Steinemann, A. C. *et al.*, 'Fragranced Consumer Products: Chemicals Emitted, Ingredients Unlisted', *Environmental Impact Assessment Review* 31, 3, 328–33, 2011.
3 National Toxicology Program, 'Thirteenth Report on Carcinogens', 2014, ntp.niehs.nih.gov/pubhealth/roc/roc13/index.html
4 National Toxicology Program, 'Thirteenth Report on Carcinogens'.
5 Toxnet: Toxicology Data Network, 'Beta-pinene', toxnet.nlm. nih.gov/cgi-bin/sis/search/a?dbs+hsdb:@term+@DOCNO+5615; World Health Organization, 'Concise International Chemical Assessment Document 5: Limonene', 1998, who.int/ ipcs/publications/cicad/en/cicad05.pdf
6 Steinemann, 'Fragranced Consumer Products: Chemicals Emitted, Ingredients Unlisted'.
7 Steinemann, A. C., 'Volatile Emissions from Common Consumer Products', *Air Quality, Atmosphere & Health* 8, 3, 273–81, 2015.
8 Sutter County Superintendent of Schools, 'Safety Data Sheet: Denatured Alcohol', sutter.k12.ca.us/media/Facilities/MSDS/Denatured%20Alcohol%202.pdf
9 European Commission Scientific Committee on Consumer Safety, 'Opinion on Butylphenyl Methylpropional (BMHCA)', 16 March 2016, ec.europa.eu/health/scientific_committees/consumer_safety/docs/sccs_o_189.pdf
10 The Good Scents Company, 'Hydroxycitronellal', thegoodscentscompany.com/data/rw1000972.html
11 Toxnet: Toxicology Data Network, 'Geraniol', toxnet.nlm.nih. gov/cgi-bin/sis/search/a?dbs+hsdb:@term+@DOCNO+484
12 Toxnet: Toxicology Data Network, 'Benzyl Benzoate', toxnet. nlm.nih.gov/cgi-bin/sis/search/a?dbs+hsdb:@term+DOCNO+208
13 European Commission Scientific Committee on Consumer Safety, 'Perfume Allergies', 27 June 2012, ec.europa.eu/health/scientific_committees/opinions_layman/perfume-allergies/en/l-3/1-introduction.htm
14 International Fragrance Association, 'Standards Library'.
15 European Commission Scientific Committee on Consumer Safety, Perfume Allergies'.
16 Klammer, H. *et al.*, 'Multi-organic Risk Assessment of Estrogenic Properties

33 Uter, W. *et al.*, 'Categorization of Fragrance Contact Allergens for Prioritization of Preventive Measures: Clinical and Experimental Data and Consideration of Structure-activity Relationships', *Contact Dermatitis* 69, 4, 196–230, 2013.

第三章　ボトルの中には何が？

1 International Fragrance Association, 'Ingredients', ifraorg.org/en-us/ingredients#.V8asoijPbww
2 Süskind, P., *Perfume: The Story of a Murderer*, Alfred A. Knopf, 1986, p. 82. パトリック・ジュースキント　池内 紀 訳 『香水　ある人殺しの物語』文藝春秋、1988年。原題は *Das Parfum–Die Geschichte eines Mörders*。
3 Babu, G. *et al.*, 'Essential Oil Composition of Damask Rose (Rosa Damascena Mill.) Distilled Under Different Pressures and Temperatures', *Flavour and Fragrance Journal* 17, 2, 136–40, 2002.
4 Kuroda, K. *et al.*, 'Sedative Effects of the Jasmine Tea Odor and R-(-)linalool, One of its Major Odor Components, on Autonomic Nerve Activity and Mood States', *European Journal of Applied Physiology* 95, 2–3, 107–14, 2005.
5 Dietz, B. *et al.*, 'Botanical Dietary Supplements Gone Bad', *Chemical Research in Toxicology* 20, 4, 586–90, 2007.
6 Ngan, V., 'Balsam of Peru Allergy', DermNet New Zealand, 2002, dermnetnz.org/topics/balsam-of-peru-allergy
7 Henley, D. V. *et al.*, 'Prepubertal Gynecomastia Linked to Lavender and Tea Tree Oils', *New England Journal of Medicine* 356, 5, 479–85, 2007.
8 Memorial Sloan Kettering Cancer Center, 'Lavender', mskcc.org/cancer-care/integrative-medicine/herbs/lavender
9 International Fragrance Association, 'Standards Library', ifraorg. org/en-us/standards-library#.V8auZyjPbww
10 Quinessence Aromatherapy, 'Bulgarian Rose Otto', quinessence.com/bulgarian_rose_oil.htm
11 Davies, E., 'The Sweet Scent of Success', *Chemistry World*, 28 January 2009, chemistryworld.com/feature/the-sweet-scent-of-success/1012496.article

第四章　鼻は知っている

1 Havlíček, J. *et al.*, 'Non-advertized Does Not Mean Concealed: Body Odour Changes Across the Human Menstrual Cycle', *Ethology* 112, 1, 81–90, 2006.
2 Kuukasjärvi, S. *et al.*, 'Attractiveness of Women's Body Odors Over the Menstrual Cycle: The Role of Oral Contraceptives and Receiver Sex', *Behavioral Ecology* 15, 4, 579–84, 2004.
3 Weisfeld, G. E. *et al.*, 'Possible Olfaction-based Mechanisms in Human Kin Recognition and Inbreeding Avoidance', *Journal of Experimental Child Psychology* 85, 3, 279–95, 2003.
4 Kaitz, M. *et al.*, 'Mothers' Recognition of Their Newborns by Olfactory

以下に引用されている。'Queensland Health Position Statement on Multiple Chemical Sensitivity', 2011, health.qld.gov.au/psu/docs/pos-state-chemical.pdf
14 Caress, S. M. *et al.*, 'A National Population Study of the Prevalence of Multiple Chemical Sensitivity', *Archives of Environmental Health* 59, 6, 300-05, 2004; Caress, S. M. *et al.*, 'Prevalence of Fragrance Sensitivity in the American Population', *Journal of Environmental Health* 71, 7, 46-50, 2009.
15 Steinemann, A., 'Fragranced Consumer Products: Exposures and Effects from Emissions', *Air Quality, Atmosphere & Health* 9, 8, 861-66, 2016.
16 Pain, 'When Others Abhor the Fragrance You Adore'.
17 Caress, S. M. *et al.*, 'National Prevalence of Asthma and Chemical Hypersensitivity: An Examination of Potential Overlap', *Journal of Occupational and Environmental Medicine* 47, 5, 518-22, 2005.
18 Caress, 'A National Population Study of the Prevalence of Multiple Chemical Sensitivity'.
19 Shim, C. *et al.*, 'Effects of Odors in Asthma', *American Journal of Medicine* 80, 1, 18-22, 1986.
20 Kumar, P. *et al.*, 'Inhalation Challenge Effects of Perfume Scent Strips in Patients with Asthma', *Annals of Allergy, Asthma & Immunology* 75, 5, 429-33, 1995.
21 Millqvist, E. *et al.*, 'Placebo-controlled Challenges with Perfume in Patients with Asthma-like Symptoms', *Allergy* 51, 6, 434-49, 1996.
22 Flegel, K. *et al.*, 'Artificial Scents Have No Place in Our Hospitals', *Canadian Medical Association Journal* 187, 16, 1187, 2015.
23 De Vader, C., 'Fragrance in the Workplace: What Managers Need to Know', *Journal of Management and Marketing Research* 3, 2010.
24 American Lung Association, 'Create a Lung Healthy Work Environment', lung.org/our-initiatives/healthy-air/indoor/at-work/guide-to-safe-and-healthy-workplaces/create-a-lung-healthy-work.html
25 Subbarao, P. *et al.*, 'Asthma: Epidemiology, Etiology and Risk Factors', *Canadian Medical Association Journal* 181, 9, 181-90, 2009.
26 Peiser, M. *et al.*, 'Allergic Contact Dermatitis: Epidemiology, Molecular Mechanisms, In Vitro Methods and Regulatory Aspects', *Cellular and Molecular Life Sciences* 69, 5, 763-81, 2012.
27 Jacob, S. *et al.*, 'Fragrances and Flavorants', *Dermatologist* 19, 7, 2011, the-dermatologist.com/content/fragrances-and-flavorants
28 Jacob, 'Fragrances and Flavorants'.
29 Bieber, T., 'Atopic Dermatitis', *Annals of Dermatology* 22, 2, 125-37, 2010.
30 Scheinman, P. L., 'Prevalence of Fragrance Allergy', *Dermatology* 205, 1, 98-102, 2002.
31 Zug, K. A. *et al.*, 'Patch-test Results of the North American Contact Dermatitis Group, 2005-2006', *Dermatitis* 20, 3, 149-60, 2009.
32 American Contact Dermatitis Society, 'ACDS Allergens of the Year', contactderm.org/14a/pages/index.cfm?pageid=3467

原注

第一章　プラネット・フレグランス

1 Pain, C., 'When Others Abhor the Fragrance You Adore', ABC Health & Wellbeing, 13 January 2015, abc.net.au/health/features/stories/2015/01/13/4160960.htm

2 Bridges, B., 'Fragrance: Emerging Health and Environmental Concerns', *Flavour and Fragrance Journal* 17, 5, 361–371, 2002.

第二章　被害者はどれくらい？

1 Rosen Law Office, 'A Fragrance-free Workplace', rosenlawoffice.com/a-fragrance-free-workplace

2 Towell, N., 'The Overpowering Scent of the Public Service', *Canberra Times*, 12 September 2014, canberratimes.com.au/national/public-service/the-overpowering-scent-of-the-publicservice-20140912-10fmbu.html and tribunal findings at austlii. edu.au/cgi-bin/sinodisp/au/cases/cth/aat/2014/658.html

3 Discrimination Tribunal of the ACT, *Lewin v ACT Health & Community Care Service 2002*, austlii.edu.au/au/cases/act/ACTDT/2002/2.html

4 World Health Organization, 'How Common Are Headaches?', who.int/features/qa/25/en

5 Le, H., *et al.*, 'Increase in Self-reported Migraine Prevalence in the Danish Adult Population', *BMJ Open* 2, 4, 2012.

6 Stang, P. E. *et al.*, 'Incidence of Migraine Headache, a Populationbased Study in Olmsted County, Minnesota', *Neurology* 42, 9, 1657–62, 1992.

7 World Health Organization, 'How Common Are Headaches?'; Steiner, T. *et al.*, 'Migraine: The Seventh Disabler', *Journal of Headache and Pain* 14, 1, 2013.

8 Migraine Research Foundation, 'Migraine Facts', migraine research foundation.org/about-migraine/migraine-facts

9 Spierings, E. *et al.*, 'Precipitating and Aggravating Factors of Migraine Versus Tension-type Headache', *Headache* 41, 6, 554–58, 2001.

10 Kelman, L., 'The Triggers or Precipitants of the Acute Migraine Attack', *Cephalalgia* 27, 5, 394–402, 2007.

11 Silva-Néto, R. P., 'Odorant Substances That Trigger Headaches in Migraine Patients', *Cephalalgia* 34, 1, 14–21, 2014.

12 Lima, A. M. *et al.*, 'Odors as Triggering and Worsening Factors for Migraine in Men', *Arquivos de Neuro-Psiquiatria* 69, 2B, 324–27, 2011.

13 'The New South Wales Adult Health Survey 2002', *NSW Public Health Bulletin Supplement* 14, S-4, 81–82, 2003, health.nsw.gov.au/phb/Publications/NSW-adult-health-survey-2002.pdf

謝辞

この本は、一風変わった内容で、執筆に骨が折れました。そんな本の原稿に目を通し、サポートしてくださった方々に、心から感謝します。まずはトム・ペティとアリス・ペティ。――お二人の思慮深く想像力に富んだ提案のおかげで、この本の出版が実現可能であるというだけでなく、執筆する価値があるのだと勇気を奮い起こすことができました。――ありがとう。

出版前の原稿を読んでいただだいた方々には、それぞれの専門知識や洞察をご提示いただきました。他人の本の原稿に目を通すという作業に携わってくださった、そのご厚意と寛容さに深く感謝いたします。また、励ましてくださった方、情報をくださった方、アイディアをくださった方もいらっしゃいました。皆様のご協力がなければ、この本は早い段階でお蔵入りになっていたことでしょう。次の方々に、心からの感謝を捧げます。マーガレット・アームストロング、ゲイル・ベル、ヘレナ・ベレンソン、ヘンリー・ベレンソン、スーザン・ハンプトン、アシュリー・ヘイ、ラルフ・ヒギンズ、ジェフ・ホールデン、キャロル・ハンガーフォード、デボラ・キングスランド、キャスリン・マッカイヴァー、コール・マッデン、ヘレン・マクスウェル、エレン・ムーア、クレア・ペイン、ブルース・ペティ、キャロライン・リー、ロレッタ・リー、アンナ・リグ、ジュリー・リグ、アン・スタインマン、クリス・ウォーレス、サラ・ウィルソン。

私のエージェントであるバーバラ・モブスは、いつもどおり良識ある暖かいバックアップをしてくださいました。テキスト・パブリッシングのスタッフの皆さんは、作家として望み得る最高の支援体制を整えてくださいました。ジェーン・ノヴァクには特に感謝を捧げます。（本の販促ツアーでご一緒したあとにわかったのですが）私のためにガムテープを買おうと思ったけれど、私に頭がおかしいと思われるかもしれないのでやめたのだそうです。

世界中で、たくさんの研究者の皆さんが私たちの健康に与えるフレグランス成分の影響について研究し、私たちの理解を深めるために努力してくださっています。より多くのことを知りたいと願う私たちにとって、皆さんの努力は素晴らしい贈り物です。皆さんに、感謝をこめて敬意と賞賛を捧げたいと思います。

訳者あとがき

本書は、オーストラリアを代表する作家ケイト・グレンヴィル（Kate Grenville）のノンフィクション作品*The Case against Fragrance* の全訳です。原書は二〇一七年一月に電子書籍が、同年九月にペーパーバックが、オーストラリアの Text Publishing から出版されました。

出版後、『オーストラリアン』紙、『ニュージーランド・ヘラルド』紙、イギリスの『ガーディアン』紙、同じくイギリスのオンラインニュース『インディペンデント』などで紹介され、各国で反響を呼びました。

香水などのフレグランス製品で頭痛が起きるようになった著者は、自分の症状が決して珍しいものではないことを、インターネットからの情報で知ります。さらに詳しい情報を得るために、専門家の力を借りて医学論文や健康に関するさまざまな報告書を読み解き、問題の大きさと根深さを次々と明らかにしていきます。

参考にしている資料はすべて一次文献で、専門性の高いものばかりですが、あくまでも平易な文章で、語りかけるようにわかりやすく解説されているので、読者は論理的でときにユーモラスな著者の文章に惹きこまれるうちに、フレグランスを取り巻く恐ろしい事実を余すところなく知ることになるのです。

著名な作家によって社会問題が取り上げられた本書は、有吉佐和子の『複合汚染』（新潮社　一九七五年）を思い起こさせます。勇気ある作家の手による本書は、実際に被害を受けている多くの人たちにとってまさに福音と言えるでしょう。私も日本の皆さんにこの本をご紹介できる栄誉を授かり、本当に光栄に思います。

さてまったくの私事で恐縮なのですが、二〇一六年夏、私は突然、匂いにとても敏感になりました。著者とは違い、頭痛など特定の症状は出ませんが、周囲の合成香料が耐えられなくなったのです。

日本では二〇〇八年ごろから洗濯用の洗剤や柔軟仕上げ剤などの家庭用品に、強い匂いをつけることがはやり始めたと言われています。今、制汗剤や入浴剤などにも、かつてないほどの強烈な匂いがつけられています。香水をつけることがそれほど習慣化していない日本で、多くの人の服や髪から強い匂いが発散されるようになりました。化学物質過敏症の人たちがそのことで大変な被害を受けていると、知識としては知っていましたが、その被害が自分にも降りかかってきたのです。

気づいてみれば、学校から帰宅したわが子の髪も服も持ち物も、常軌を逸した合成香料の匂いでまみれていました。給食のエプロンにさわると、手に着いた匂いが洗っても洗ってもなかなか落ちません。道行く人の多くが強い香料の匂いを放ち、いつしか人とすれ違う時は息を止めるのが習慣になりました。飲食店にもドラッグストアにもスーパーにも、合成香料の匂いが立ち込めています。店員や商品の包装材からも、合成香料の匂いがします。私の住む集合住宅では、上下左右の家のベランダで洗濯物が強い匂いをまき散らし、それぞれの家の窓からも同じ匂いが流れてきます。病院へ行けば、医師も看護師も白衣から胸の悪くなるような匂いを振りまいて平然としています。人の多く集まる場所に出ていくことがどんどん億劫になり、今ではすっかり家に引きこもりがちになりました。

ここ数年、香りで苦しむ人たちの状況が「香害」と名づけられ、ようやくメディアも問題として取り上げ始めました。二〇一七年夏には日本消費者連盟（日消連）が「香害一一〇番」を設置し、被害者の声を集めました。その後、日消連は、関係団体と共に業界や国に対し、香害問題の解決に向けてさまざまな働きかけをしています。

しかし洗剤メーカーなどは、「消費者が柔軟仕上げ剤の使用量を守らないせいで匂いの被害が出ている」というスタンスを崩さず、香害問題の責任はメーカーにはないと主張し続けています。柔軟仕上げ剤ならば使いすぎもあり得るでしょうが、合成洗剤を二倍三倍入れるというのは考えにくいので（洗濯機が泡だらけになって、すすぎが相当面倒になるでしょう）、メーカーの主張はただの言い逃れに思えます。

さらに、使用している香料は人体に影響がないと言い、単なる好みの問題に矮小化しようとしています。被害にあっている人たちの声にいつまでも素知らぬ顔を決め込んでいるメーカーにも、行政にも、議員たちにも憤りを感じます。

洗剤や柔軟仕上げ剤の強烈な匂いを好んで使っている人の多くは、自分が強い匂いを発していることに気づいていません。ましてそれが他人に迷惑をかけているなどとは、夢にも思わないでしょう。香害問題のことを聞いたとしても、「それは自分でなく非常識な他の誰かのせい」だと思うに違いありません。著者は本書の中でそうした人たちに寛容な姿勢を示していますが、私は彼らに対して許せないという気持ちを強く持っています。いったい何の権利があって、こちらの生活を侵害してくるのだと、怒りがこみ上げます。

しかし一方では、彼らこそが本当の被害者だとも思うのです。国が化学物質の規制をしている、自分たちは守られているという幻想の中で、マスコミの広告宣伝に踊らされ、流行しているというただそれだけの理由で有害な物質を含む可能性のあるものを日常的に吸い込んでいる彼らやその子どもたちの将来は、一体どうなるのだろうと恐ろしい気がします。

フレグランス業界や洗剤業界は、「香りを楽しむ」圧倒的大多数の健康な人たちと、匂いに敏感なごく少数の変な人たちの対立の問題にしようとしています。しかし本書をお読みになればおわかり頂けるように、これはすべての人に関わる問題なのです。今、「香りを楽しむ」人たちにこの本が届けば、それが最も望ましいことです。しかしおそらくこの本を手にする多くの人は、匂いで健康被害にあっていて、そのことを自覚している人でしょう。「香りを楽しむ」人たちの多くは、自分の今抱えているアレルギー症状やさまざまな体調不良が、まさか家庭用品の匂いのせいだとは想像もできないだろうと思います。

この本を訳しながら、素晴らしい本に巡りあえたと思う反面、たびたび絶望的な気分にもなりました。スーザン・マクブライドが裁判で勝ったアメリカでさえ、死にそうになるまで被害者は救済されなかったのです。まして日本では、匂いで健康被害があるという認識自体、ほとんどの人が持っていません。匂い物質で充満した学校や幼稚園や保育園ですごす日本の子どもたちが救い出される日は、永遠に来ないのではないかと思えてきます。子どもたちはこのプラネット・フレグランスで、この先何十年も生きていかなくてはなりません。合成香料にみすみす子どもたちの未来を蝕まれ、親たる自分はただ手をこまねいているだけなのです。

この本にも書かれているように、フレグランス製品の犠牲者は、本当は膨大な数にのぼるはずです。現に、ツイッターなどのSNSでは、さまざまな被害の声が聞かれます。ですが、それらの人が一致団結して大きな力となることは、なかなかありません。一人一人が声をあげれば、もっと違った展開になるのではないかと思いますが、多くの人は黙って耐えるか、SNSに投稿するだけで満足してしまっているようです。

でも、それでは何も変わりません。この本を手に取ってくださった方、フレグランス製品の被害にあっている方、どうか、声を上げてください。SNSではなく、メーカーや行政に被害を訴えてください。日消連にメールやFAXで声を寄せるのも良いと思います。SNSに投稿しても、残念ながら世の中は動かないのです。

この本の著者は、周囲の奇異な目を意識しながらも、勇気を奮い起こしてこの本を執筆しました。私たちにとっては、まさに天からの授かりものです。訳者である私も著者を見習って、もっと勇気を出そうと思います。いろいろな人に、香害のことを伝えていこうと思います。皆さんもどうか勇気を出して、周囲の人やメーカーや行政に皆さんの受けている被害を伝えてください。一緒にがんばりましょう。

鶴田　由紀

二〇一八年七月　大阪府豊中市にて

[著者略歴]

ケイト・グレンヴィル（Kate Grenville）

作家。1950年、オーストラリア、シドニーに生まれる。シドニー大学で芸術学を学び、大学卒業後、ドキュメンタリー映画の編集の仕事に従事。20歳代後半でイギリスにわたり、編集者・フリージャーナリストとして数年を過ごす。その後アメリカのコロラド大学で作家としての勉強を始め、クリエイティブ・ライティングの学位（MFA）を取得。その後オーストラリアに戻って現在に至る。

主な作品は、*Bearded Ladies*（1984年）、*Lilian's Story*（1986年）（ヴォーゲル・オーストラリア文学賞受賞）、*Dreamhouse*（1987年）、*Joan Makes History*（1989年）、*The Idea of Perfection*（1999年）（オレンジ賞受賞）、*Dark Places*（1994年）（ヴィクトリア州文学賞受賞）、*The Secret River*（2005年）（『闇の河』一谷 智子 訳 現代企画室 2015年）、*The Lieutenant*（2009年）、*Sarah Thornhill*（2012年）、*One Life: My Mother's Story*（2015年）など。

日本語にも翻訳された『闇の河』は、イギリスからオーストラリアにわたった開拓者が先住民族と衝突し、虐殺するという史実にもとづいた物語で、歴史の闇に迫る傑作としてベストセラーとなった。数カ国語に翻訳され、テレビドラマ化された他、英連邦作家賞、クリスティナ・ステッド賞などの国内外の文学賞を受賞している。

小説の他、クリエイティブ・ライティングに関する本を執筆している。

2010年、ニューサウスウェールズ大学より名誉博士号を授与される。

[訳者略歴]

鶴田由紀（つるた　ゆき）

フリーライター

1963年　横浜に生まれる

1986年　青山学院大学経済学部経済学科卒業

1988年　青山学院大学大学院経済学研究科修士課程修了

大阪府豊中市在住

著書　『ストップ！風力発電』アットワークス　2009年、

『巨大風車はいらない原発もいらない』　アットワークス　2013年

訳書　ヴァンダナ・シヴァ『生物多様性の危機』明石書店 2003年（共訳）

ヴィルフリート・ヒュースマン『WWF黒書』緑風出版　2015年

ルーカス・シュトラウマン『熱帯雨林コネクション』緑風出版 2017年